痛苦深处

在艰难的世界里尽力而为

孙郡锴 编著

尽力而为

中国华侨出版社

图书在版编目（CIP）数据

在痛苦深处微笑，在艰难的世界里尽力而为 / 孙郡锴编著. —北京：中国华侨出版社，2015.11

ISBN 978-7-5113-5814-1

Ⅰ.①在… Ⅱ.①孙… Ⅲ.①成功心理－通俗读物 Ⅳ.①B848.4-49

中国版本图书馆CIP数据核字（2015）第291203号

● 在痛苦深处微笑，在艰难的世界里尽力而为

编　著／孙郡锴
责任编辑／叶　子
封面设计／一个人·设计
经　销／新华书店
开　本／710毫米×1000毫米　1/16　印张／16　字数／223千字
印　刷／北京溢漾印刷有限公司
版　次／2016年2月第1版　2016年2月第1次印刷
书　号／ISBN 978-7-5113-5814-1
定　价／32.00元

中国华侨出版社　　北京朝阳区静安里26号通成达厦3层　　邮编100028
法律顾问：陈鹰律师事务所
编辑部：（010）64443056　　64443979
发行部：（010）64443051　　传真：64439708
网　址：www.oveaschin.com
e-mail：oveaschin@sina.com

前 言

　　破茧成蝶，是撕掉一层皮的痛苦，如果没有撕心裂肺的痛，丑陋的虫子成不了美丽的蝴蝶。

　　功成名就，是血与汗的历练，如果没有历经九九八十一难，唐僧取不到真经。

　　买茶叶蛋，人们多会选择蛋壳破裂最多的，因为这样的茶叶蛋才入味。

　　同样的，人生经历愈丰富，挫折愈多，也就是生命皱褶愈多的人，才愈有味道。但是，也有很多人，苦是受了不少，却无法成长或是受益，这又是为什么？

　　原因很简单，一个人能否在痛苦中成长，并非取决于苦难的悲惨程度，而是取决于他对苦难的态度。如果你一直把自己定位成不折不扣的受害者，认为一切都是别人或老天的错，那么很抱歉，你虽受了苦，却学不到功课。

　　人生最大的成长来自于在受苦的时候，我们始终保持着信心和信念，怀揣着愿望和希望，把苦难的考验当作功课来做。

　　事实上，每一个优秀的人都经过这种考验，都有一段痛苦的时光。那一段时光，付出了多少努力，忍受了多少孤寂，他们不曾抱怨,也不曾诉苦,个中心酸只有他们自己知道,可当日后说起时,他们都会为之感动。

面对苦难,如果没有这样一个积极、健康的态度,那么那些苦你真的就白受了。如果在被苦难撕掉一层皮的时候,还能微笑,你会发现,你的内在空间扩大了,内在力量增强了,这个时候,你对自己和这个世界的信心会空前饱满,而接下来的快乐和自在也是你无法想象的。

透过这些你便会懂得,成长的过程,必然要伴随着一些阵痛,在这个过程中,或者经历过一些挫折,或者百转千回,又或者惊心动魄,最终总会让你明白——所有的锻炼不过是再次呈现我们还没学会的功课。所以说我们要学着与痛苦共舞,这样我们才能看清造成痛苦来源的本质,明白内在意义。更重要的是,它能让我们学到该学的功课。

所以,如果你受苦了,那么,请你感谢生活,那是它给你的一份历练。

目　录

1. 生活的磨砺，只是为了让你明白人生的道理

  人类从呱呱落地的那一刻起，就开始了最辛苦也是最美丽的生存之路。生存和竞争都是我们必须要面对的，然而既然你已经来到了这个世界上，你就必须遵守生存的法则。

物竞天择，适者生存 / 2

浪花淘尽，闪光的是金子 / 5

温水煮青蛙：在昏昏沉沉中死去 / 7

职场不相信泪水 / 9

有价值，才有立足之地 / 12

跌倒了就要自己爬起来 / 14

你不成长，没有人会等你 / 16

世上没有免费的午餐 / 18

2. 那些让你痛苦的，必是让你成长的

　　痛苦是一种对人生很有用的经历，它看起来有点像牡蛎，虽然会喷出扰乱我们心绪的沙子，但体内却隐藏着一颗颗可以让我们迈向成功的珍珠！在痛苦面前，要么你被它击倒，要么你把它踩在脚下。

不经风霜，生意不固 / 22

不经磨砺，无以成器 / 24

痛苦的时候，正是成长的时候 / 26

很多时候，厄运甚至是一种幸运 / 29

忍超常之痛，才会有超常的收获 / 31

天才的辛苦，只有他们自己明白 / 33

问题不是发生了什么，而是你如何面对它 / 36

凡是不能打败你的，最终都会让你变强！ / 39

3. 人生求胜的秘诀，只有那些失败过的人才清楚

　　人在成功的时候往往并不能学到多少东西，但在失败时不一样，因为失败是血淋淋的教训，是最深刻的，是最真的。

失败，只不过是暂时输了一场比赛 / 44

障碍与失败，是通往成功最稳靠的踏脚石 / 46

对于不屈不挠的人来说，没有失败这回事 / 48

面对失败低头，就无权在胜利面前仰首 / 50

百折不挠，便是成功 / 52

上帝只能掌握我们命运的一半 / 55

"吃一堑"就要"长一智" / 57

懂得利用失败，就能从失败中获利 / 60

4. 每一份漂亮成绩的背后，都少不了一段久历风尘的坚守

撑不住的时候，可以对自己说声"我好累"，但永远不要在心里承认"我不行"。前面的路还很远，你可能会哭，但是一定要走下去，一定不能停步。

生活就像海洋，意志坚定的人，才能到达彼岸 / 64

成功往往源于坚持 / 66

99%成功的欲望不敌1%放弃的念头 / 68

再试一次，结果也许就大不一样 / 71

坚持一下，成功就在你脚下 / 73

磨难，并不是你中断梦想的理由 / 77

含泪坚持的人一定能够有所收获 / 79

5. 别人看不起你，很不幸，你看不起自己，更不幸

不管你如何尽心尽力，都有可能不被欣赏；总有人认为你不够好，关键的是，你认为自己够不够好？一个人的成败取决于他是否自信，假如这个人是自卑的，那自卑就会扼杀他的聪明才智，消磨他的意志。

你原本就很好，别让自卑感中伤了你的生活 / 84

没有卑微的命，只有卑微的心 / 86

就算别人看不起你，你也不能看不起自己 / 89

自我定位，决定着你的人生光景 / 91

物质缺乏不可怕，可怕的是心灵贫瘠 / 94

永远不要看低自己 / 97

这个世界上，你最该欣赏的是自己 / 100

只看我所拥有的，不看我所没有的 / 102

无论命运多么残酷，相信自己，你能创造奇迹 / 105

6. 生命有缺陷不是问题，思想有缺陷才是真正的残疾

　　当你面临着夭折的可能性，你就会意识到，生命是宝贵的，你还有许多事情要做。无论命运有多坏，人总应有所作为，有生命就有希望。身体和精神是不能同时存在缺陷的。

小疵又何妨？那些缺陷根本无须在意 / 110

生命里的缺憾，是悲，亦是喜 / 112

成功不会因你有缺陷而远离你 / 115

你没有别人好看，但可以比别人活得精彩 / 117

残缺掩盖不住你的光芒 / 119

如果你是别人眼中的笨鸟，就先飞 / 122

没有伞的孩子，必须努力奔跑 / 125

即使没有行李，依然可以带着梦想上路 / 127

7. 生命中的红线，并不仅仅只有一条

　　恋爱是一次已完成的选择，失恋面对的是即将而来的选择。在以后的日子里，只要有一个能与你心心相印的人，我们就可以回头对岁月说："谢谢，我庆幸那次失恋。"真的别

那么伤心，或许那个真正给我们幸福的人，正在不远处等待我们。

不是每段恋曲，都有美好回忆 / 132

聚散随缘，何必太执着 / 134

值得你流泪的人不会让你哭 / 137

真正的爱情，是两情相悦 / 140

一个人痛，就足够了 / 142

合适的，才是最好的 / 144

下一个他，或许更适合你 / 148

8. 让你痛苦的人，才是真正成就你的人

生命是一次次蜕变的过程，唯有经历各种各样的折磨，才能使人生得到升华。如果你已经取得了一些成绩，只要回想一下就会发现，真正促使你进步、成功的，不单是你自己的能力，不单是朋友和亲人的鼓励，更多的是生命中那些折磨过你的人。

鞭笞你的人让你痛苦，但同时也是在鞭策你前进 / 152

如果没有那些批评的声音，你人生的高度不会得到提升 / 154

每经历一次伤害和打击，你就会迎来一次成长 / 157

如果不是当初的羞辱，或许你还在原地踏步 / 160

对手，成就你的另一只手 / 163

让你痛苦的，才是真正成就你的 / 166

9. 对于曾经伤害你的人，最好的态度是宽恕

记恨最大的坏处，是拿痛苦来继续折磨自己，把人格弄得越来越扭曲。而拥有宽容，能使你拥有别人所不能拥的东西。当宽容成为一种品性时，生命算是达到了极致。

深藏于心的恨，最终报复的是自己 / 172

有一种默默无闻的高贵，叫宽容 / 175

如果有人伤害了你，请一如既往的善良美好 / 178

容人所不能容，才能得人所不能得 / 181

朋友间多一分和气，便多一分喜悦 / 184

一念之间的宽容，可以化祸患于无形 / 186

人之毁我，与其能辩不如能容 / 188

以德报怨，恕敌之过，是为难能可贵 / 192

10. 所谓孤独，只是在花些时间检阅自己

　　当一个人独处之时，才能对生活以及现状进行更加清晰的思考。这样的情景，在别人看来是孤独，其实只有自己知道，面对别人的时候触及的是他们的生活，审视自己的时候才能触及到自己的灵魂。

引领时代的风骚源于一份清纯高远的孤独 / 196

别奢望人人都懂你，你只需做好你自己 / 198

知己难求，故不必刻意强求 / 201

在纷乱的世界里，学会做一个孤独的散步者 / 203

静下心来，住进窄门里去 / 206

宁受一时之孤独，毋取万古之凄凉 / 208

感谢那些年的孤独时光 / 211

于孤独中学会升华自己 / 214

11. 在痛苦的深处微笑，你得做自己的英雄

如果生活不靠谱，我们就得让自己更靠谱。痛苦能够毁灭人，然而受苦的人也能够把痛苦消灭！我们要做自己的英雄！

如果你不坚强，没人替你勇敢 / 218

告别痛苦的手只能由自己来挥动 / 220

美好的东西值得你去抗争 / 223

一旦心瘫痪，人生也就瘫痪了 / 226

除了自己，没人可以把你赶上绝路 / 229

在痛苦的深处微笑，你得做自己的英雄 / 232

将痛苦抖落脚底，踩着它跳出人生的枯井 / 234

生活并没有夺走我们选择快乐和自由的权利 / 236

在残酷的现实面前常做快乐的思考，便是人生的成熟 / 239

1.
生活的磨砺，
只是为了让你明白人生的道理

人类从呱呱落地的那一刻起，就开始了最辛苦也是最美丽的生存之路。生存和竞争都是我们必须要面对的，然而既然你已经来到了这个世界上，你就必须遵守生存的法则。

物竞天择，适者生存

世上的万事万物都在不停地变化着，自然法则要求一切生物都必须适应环境。现实是残酷无情的！自地球上出现生命以来，不知多少生物因为不能适应环境变化而被淘汰出局，乃至灭绝。而那些生存下来的，关键就在于它们学会了生存，学会了适应新的环境，有了一套生存的本领，才有了生命的繁衍不息。

谁都知道，深海里氧气稀薄，为了生存，很多海洋动物不得不根据深海环境来进化自己：它们尽量减少活动或者干脆不动，长期蛰伏在一处，以减少身体对氧气的需求，所以尽管深海里环境恶劣，但还是有不少动物顽强地生存了下来。

近年来，美国海洋生物研究人员发现，在南加州海域，深海动物的数量及种类正在逐渐减少。难道是深海之中出现了什么巨变？还是有什么庞大的物种正在吞噬着深海中的生命？海洋生物学家克雷格·麦克莱恩博士在经过细致的科学研究以后给出了一个令人大跌眼镜的答案，深海动物渐渐减少的原因，竟然是因为氧气的增多！

在南加州海域，人们为了改善深海动物的生存环境，大量种植了一种造氧量是普通海藻100倍的含氧海藻，没想到好心却办了坏事。

按理说，增加海水含氧量对海洋动物来说应该是一件有益的事情，但长久以来，这些深海生物已经适应了缺氧环境，这时突然有大量氧气注入，便容易发生氧气中毒。避免氧气中毒的方法只有一个，就是马上改变原有的生活习惯，改静态为动态。只有不停地游动，才能够加速呼吸，让过量的氧气排出体外，这样，过量的氧气不但对它们构成不了威胁，反而会让它们更加具有活力。

所以，生活在深海中的动物很快就分为两种：一种因为无法改变自己的惰性而变得无所适从，逐渐死去、消亡；而另一种一改往日的"懒散"，快速行动起来，因为适应了由大量氧气注入的新环境而变得"如鱼得水"。

克雷格·麦克莱恩博士最后得出结论：不是氧气害了那些深海动物，而是它们自己的惰性使然。

变以应生，不变则亡。要生存者，必定要适应环境，遵循生态发展的规律。为了能适应环境，能够采取的最好方法，便是改变自己。改变是相对的，但却是永恒的。改变的途径虽然有多种，但结果无非两种：一类生存，一类死亡。能生存者，为适者。

人类生存的过程，也是在进行各类不同方式改变的过程，只有适者，才能生存，才能向前，反之则被淘汰。

当年孔子到吕梁山游览，那里有一道几十丈高的瀑布，飞流直下，溅起水花无数，甲鱼、鳄鱼以及鱼类都不能游动。却见一个男子处于水中。孔子以为他要寻短见，忙叫弟子沿着水流去救他，他却在水中游了几百步，然后登上岸来，披散着头发，唱着歌，在河堤上漫步。

孔子赶上去问他："先前我看你在水里，以为你有什么事情想不开要寻死，便让学生去救你。你却在这鱼都不能游的水中穿梭自如，我还以为你是水怪呢。请问先生，你是如何做到这点的？"

那人回答："我起步于原来本质，成长于习性，成功于命运。水回旋，我跟着回旋进入水中；水涌出，我跟着涌出于水面。顺应水的活动，不自作主张。这就是我能在这里游泳的缘故。"

孔子不解，继续问："什么叫作起步于原来本质，成长于习性，成功于命运？"

那人告诉孔子："我出生于陆地，安于陆地，这便是原来本质；从小到大都与水为伴，便安于水，这就是习性；不知道为什么却自然能够这样，这是命运。"

适者生存，这是自然法则，也是一切问题的答案。妄想让整个世界都来适应自己，这便是痛苦所在，是很幼稚的举动，是一种不明智的愚行。

那人明白让自己适应水流，而不是让水流适应自己，所以，他成功了。这是一种智慧。

世界的发展脚步在无声无息之中不断变化，而世间万物的变化也从未停止。我们不可能去改变世界，但却可以逐步改变自己，让自己适应这风云变幻的社会，也只有如此，我们才能更好地把握自己，让自己更好地生存。

【总结与领悟】

人要想被现在所处的世界所接受，就必须努力去适应这个世界，即使这会令你很痛苦，但你并没有其他选择。当一个人无法适应周遭的环境时，那么，失败与毁灭一定会常伴他的左右；反之，才能获得人生的成功。一句话，适者生存。

浪花淘尽，闪光的是金子

有生物就会有竞争，毫无疑问，竞争是残酷的。但要消除竞争，除非万物俱焚。优胜劣汰，强者生存，这是大自然的定律。

在热带雨林中有一种"绞杀现象"：一些叫作榕树的植物，如歪叶榕等，它们的种子被鸟类食用以后不会被消化，而是随着粪便排泄在其他乔木上，当条件适宜时，这些种子便会发芽，长出许多气根，气根沿着寄主树干爬到地面，插入土壤中，拼命抢夺寄主植物的养分、水分。同时，气根不断增粗，分枝形成一个网状系统紧紧地把寄主树的主干箍住。随着时间的推移，绞杀植物的气根越长越多，越长越茂盛，而被绞杀的寄主植物终因外部绞杀的压迫和内部养分的匮乏而逐渐枯死，最后绞杀者取而代之，成为一株独立的大树。

这是植物界的竞争，在动物界，也不乏竞争。

每年春季，鹰都会产卵育子，一般一次生两个蛋。雏鹰从破壳而出时就开始了竞争，只要大鹰带回食物，它们立刻张开嘴巴，大声地叫唤，希望大鹰将食物塞进自己的嘴里，而每次大鹰都会给头仰得最高、叫声最大的孩子喂食，而那只弱一点的幼鹰就会被活活饿死。

这就是优胜劣汰，这样的规则同样存在于人类社会中。

印第安人，向来以剽悍、强壮闻名于世。

印第安人的种族之所以如此剽悍、强壮，与他们挑选下一代的方式存在极大的关系，也就是流传于印第安人部落中的"土法优生"。

据说，在印第安人部落中，婴儿出生以后，孩子的父亲会立刻把孩子带到高山上，选择一条水流湍急，而且水温很低的河流，将孩子放在特制的摇篮当中，让他随着河水漂去。

这个新生儿的父亲及族人们，则在河流的下游处等候，待放婴儿的特制摇篮漂到下游时，他们会检视篮中的婴儿。如果婴儿还活着，说明他的生命力极强，具备成为他们族人的资格，便将其带回部落养育成人；若是篮中婴儿禁不起这般折腾，奄奄一息，他们则将婴儿及摇篮放回河流中，任其漂流而去，形同河葬。

经过如此残酷的挑选，能够幸存的印第安孩子，自然个个身强体壮，剽悍过人。

这只是印第安一般族人的筛选方式，至于印第安人部落中勇士的挑选，则要更为严格。

印第安人有所谓的成年礼，当一个印第安男孩成长到适当的年龄时，族人会为他举行成年礼，在狂欢舞蹈庆贺之后，这个男孩将会被族人亲手绑在森林中的一棵大树上，独自一人度过成年礼的夜晚。

森林中多的是毒蛇猛兽，即将成为印第安勇士的男孩在成年礼的这个夜晚，必须面对各种各样的危险，借由这样残酷成年礼的锻炼，培养出族中公认的真正勇士。

印第安人的"土法优生"虽然残忍，但确实是他们强化民族素质的一个手段。当然，这并不值得提倡。

其实，无论是在自然界还是在人的世界，能够享受绝对生存权利的都只有强者。面对自然界亘古不变的残酷法则，我们唯有让自己变得更强大，才能赢得生存的机会和权利；否则，我们必将会被自然无情地淘汰。

【总结与领悟】

这是一个强者生存的社会，我要在社会上立足，就要变强。我们要居安思危、戒骄戒躁，不断提高自我、发展自我，成为与自然和谐相处的强者，以求得持续的生存与发展。

温水煮青蛙：在昏昏沉沉中死去

对渐变的适应性会使人失去戒备，一直停留在舒适而具有危险性的现状之中，接下来等待我们的可能就是灾难。生存的法则不允许我们安于现状，只有居安思危，才能长安久安。强大的敌人会使人奋起反击，甚至超常发挥战斗力，可怕的是在安逸的环境中，人逐渐被腐蚀，一旦放松警惕，危险便不期而至。

美国康奈尔大学做过一次有名的实验。经过精心策划安排，他们把一只青蛙冷不防地丢进煮沸的油锅里，这只反应灵敏的青蛙在千钧一发的生死关头，用尽全力跃出了那几乎使它葬身的滚滚油锅，跳到地面安然逃生。

隔了半小时，他们使用一口同样大小的铁锅，这一回锅里装的是冷水，然后把那只死里逃生的青蛙放在锅里。这只青蛙在水里不时地来回游动。接着，实验人员偷偷在锅底下用炭火慢慢加热。

青蛙浑然不觉，仍然在微温的水中享受"温暖"，等它开始意识到锅中的水温已经使它承受不住，必须奋力跳出才能活命的时候，一切都为时已晚。它欲试乏力，全身瘫痪，呆呆地躺在水里，终致葬身在铁锅里面。

突如其来的危险往往让人迅速做出反应，激发超乎寻常的防御能力，然而在安逸的环境下往往会使人产生漫不经心的松懈，也是最致命的松懈，到死都还不知何故。一部分人又何尝不像这只青蛙呢？他们安于舒适的现状，固守着一成不变的生活，以至于形成惯性思维，最终导致自己的人生停顿不前，逐渐为社会所淘汰。

在现代社会，竞争的激烈程度不言而喻，无论从事哪种职业，都需要一定的危机感。从某种程度上来说，危机感也是一把双刃剑，有时人的危机感过于膨胀，的确会让人心力交瘁，甚至在压力下走向崩溃。可是，我们设想一下没有危机感的情形，就会发现，如果危机感消失，那么大到国家小到个体，都会进入一种自满无知的状态。这种满足感就像酒精一样，麻木了人的感官，模糊了人的视线，使人无法看到大局、长远目标，以及自身所面临的危机。21世纪，没有危机感就是最大的危机。你想一成不变，可这个世界一直变，

1. 生活的磨砺，只是为了让你明白人生的道理

并且它不会因为你的停顿而停滞不前。大形势要求我们必须做出改变：要么快速做出反应，要么在沉默中死亡。

【总结与领悟】

"苦，可以折磨人，也可以锻炼人；蜜，可以养人，也可以伤人。"人活在逆境中并不可怕，可怕的是身处险境而不自知。生存法则要求我们必须时刻看到"温水"中所潜伏着的危机，吸取"温水煮青蛙"的教训，不做温水当中的青蛙。

职场不相信泪水

职场竞争的存在，就注定了职场不相信眼泪，更不会同情弱者，优胜劣汰是每一个人都必须认同的运行规则。如果你扛不住职场的压力，如果你没有与时俱进的态度，你就会被淘汰。

职场就是职场，你可以不成熟，因为毕竟还年轻，但不能一直不成熟；你不会，可以慢慢学，但不能一直干不好；你或许有苦衷，但苦衷绝不是懈怠工作的借口。在职场，衡量你是否合格以及优秀的第一依据，就是你能不能创造令人满意的价值，如果你做不到，那么对不起，请另谋高就！

职场不相信眼泪，职场也不同情弱者，人的命运要靠自己掌握。

一个乞丐来到一家家装公司，这个乞丐很可怜，他的左手连同整条手臂都断掉了，空空的袖子晃荡着，让人看了很难过，碰到谁都会慷慨施舍的，可是这家公司的女经理毫不客气地指着门前一堆刚卸下的装潢材料说："你帮我把这些东西搬到后面的仓库吧！"

乞丐很生气："我只有一只手，你还忍心叫我搬砖？不愿给就不给，何必捉弄人呢？"

女经理一言不发，走到那堆装潢材料前，弯下腰，用一只手拎起捆绑带，搬了一趟，然后看着乞丐说："它们并不重，并不是非要两只手才行，我做得到，你为什么做不到？"乞丐愣了一下，用异样的目光看着女经理，尖突的喉结像一枚橄榄上下滑动了两下，终于他开始搬那堆装潢材料了。他搬了整整一上午才搬完，累得气喘吁吁，脸上满是汗水。女经理递过来一条毛巾以及100元钱，乞丐接过，很感激地说："谢谢您！"女经理说："你不必谢我，这是你的劳动所得。"乞丐说："我不会忘记您的，这条毛巾就送给我作个纪念吧！"说完，他深深地鞠一躬，转身走了。

若干年后，一个很体面的人来到这所家装公司。他西装革履，气度不凡，跟那些自信、自重的成功人士一模一样，美中不足的是，他只有一只手，左边是一条空空的衣袖，一荡一荡的。他对着已有些老态的女经理鞠了一躬，说："如果没有您，我还是一个乞丐，而现在，我是一家上市公司的董事长了。"独臂人拿出一张100万的支票要送给女经理，女经理却拒绝了。她说，"我不能接受你的馈赠。""为什么？""因为我有两只手啊。"独臂人一再坚持："是您让我知道了什么叫人，什么叫人格，这100万只是您教育我应得的报酬。"女经理笑了："那你把这钱送给连一只手都没有的人吧！"

1. 生活的磨砺，只是为了让你明白人生的道理

人的命运要靠自己掌握，你对职场笑，职场也会对你笑；相反，如果你想以弱者的姿态博取同情，而不是靠自己的努力去争取，那么，救世主也无法赋予你更高品质的生活。当然，社会和企业还是会给愿意通过努力奋斗来赢取未来美好生活的人们以机会，但这机会也是我们自己争取得来的，并不是恩赐。

生存法则告诉我们，对于混日子的人，对于激情不足的人，对于自怨自艾的人，职场不会给予他们机会，等待他们的只能是残酷的淘汰。而那些工作成绩不佳的人，尽管不一定都是弱者，但在生存法则下，他们的处境已经十分危险了，企业不会留给他们太多的时间。企业存在于市场就必须赢利，我们每一个人生存在市场环境下，不管你是做老板、领导还是普通员工，你都必须创造价值，否则你就会被淘汰出局。

【总结与领悟】

职场不同情弱者，卖遭遇没有出路。一个强者，被人打落了门牙都要和着血吞进肚子里，而不会吐出来。弱者才会把自己的不幸四处向人诉说，不仅诉说，甚至还会添油加醋地夸张一番，以便博取同情。然而，这并没有用。

有价值，才有立足之地

　　这个世界缺少的东西很多，但肯定是不缺人的，如果你的存在本身没有多少价值，对别人来说无甚大用，那么你肯定得不到尊重和器重。人，要想在社会上占有一席之地，首先就要提升自己的价值。

　　这么说吧，如果你是一颗夜明珠，遗落在黑暗之中，路人经过必然会俯腰拾起，将你好好珍藏；相反，倘若你只是一块石头，就不会得到路人的眷顾，甚至还会因为碍事，被踢上两脚。道理很简单，夜明珠有光芒，且对人而言有价值；石头不起眼，用处小，捡在手里还是负累。生存的法则告诉我们：要想使自己得到别人的重视，起码你身上要有别人看得到的价值。

　　相传，秦朝时期，有一个名叫程邈的县城狱吏，主要负责撰写文书一类的差事。程邈其人性情耿直，但因得罪了秦始皇，被打入了云阳县的大狱。他在狱中百般无聊、度日如年，于是喜欢舞文弄墨的他突发奇想：如此浪费时光着实可惜。他看到当下通行的小篆，字画繁杂难写，何不把它改造一下，干出一番事业，以求赦免罪过？

　　此后，程邈开始在狱中埋头整理文字，经过10年的精心钻研，

1. 生活的磨砺，只是为了让你明白人生的道理

他将小篆化圆为方，把象形"笔画化"，变繁为简，化难为易，这便是隶书，总共有3000字。秦始皇看了程邈整理的文字，非常高兴，不仅赦免了程邈所犯的罪行，还让他出来做官，提升为御史。后来，因为秦代公文繁杂，篆字难写，就采用了隶字。又因为低层的官吏多用这种字体书写公文，所以将这种字称为隶书。

10年身陷囹圄，对一般人而言，无疑是一种莫大的灾难与不幸！但程邈却因祸得福，这是为何？答案其实很简单——程邈为自己创造了价值。他所发明的隶书，对秦始皇有所用，能够帮助帮助秦始皇减轻"工作负担"，所以他才得以释放，又受到了重用。

一个人的受重视程度，由他本身的价值所决定。生活是现实的，竞争的残酷的，谁也有义务供养一无是处的废人。这并非是人心不古，也不是人情冷漠，而是生存的法则。处处招嫌的人，要怪就怪自己不知进取，谁让你"没有用"呢？记住，没有人愿意浪费时间和精力，去咀嚼没有糖分的甘蔗渣。

其实，我们读书、考研、读博、留学，无一不是在增加自己的"可被人使用的价值"，你能创造多少"价值"，将决定你将来的发展。这是就是生存的法则。

【总结与领悟】

无论现在你是春风得意，还是向隅而泣，都必须清醒地认识到——你之所以还能在这个充满竞争的世界上占有一席之位，是因为你今天还具有一定的"价值"！但如果你不能不断地提升这种价值，终有一天你会变得一文不值！

跌倒了就要自己爬起来

我们虽然处在一个和谐的社会中，但人生中那些风风雨雨的确时常令我们感到无助，我们想要寻求一些帮助，却觉得并没有人愿意真心以对，于是我们又开始痛苦。但你有没有想过，我们并没有与谁签订"互助协议"，我们根本就没资格要求谁为自己做什么、奉献什么。现实就是这样，这个世界上没有谁是你真正的靠山，你真正可以依靠的只能是你自己，所以当人生遭逢苦难之时，不要一心只想着去找"救命稻草"，你应该静下心来问问自己："我能做什么？我会因此而得到什么？"你的未来，还需要你自己去努力。

有个留学生，以非常优秀的成绩考入加拿大一所著名学府。初来乍到的他因为人地两疏，再加上沟通上存在一定障碍，饮食又不习惯等原因，他的思乡之情越发浓重，没过多久就病倒了。为了治病，他几乎花光了父母给他寄来的钱，他的生活渐渐陷入困境。

病好以后，留学生来到当地一家中国餐馆打工，老板答应给他每小时10加元的报酬。但是，还没干到一个星期他就受不了了，在国内，他可从来没做过这么辛苦的工作，他扛不住了，于是辞

1. 生活的磨砺，只是为了让你明白人生的道理

了工作。就这样，他勉勉强强坚持了一个星期，此时他身上的钱已经所剩无几。所以在放假时，他便向校方申请退学，急忙赶回了家乡。

当他走出机场时，远远便看到前来接机的父亲。一时间，他的心中满是浓浓的亲情，或许还有些委屈、抱怨——他可从来没吃过这么多的苦。父亲看到他也很高兴，张开双臂准备拥抱良久不见的儿子。可是，就在父子即将拥在一起的刹那，父亲突然一个后撤步，儿子顿时扑了个空，重重地摔倒在地。他坐在地上抬头望着父亲，心中充满了迷惑——难道父亲因为自己退学的事动了怒？他伸出手，想让父亲将自己拉去，而父亲却无动于衷，只是语重心长地说道："孩子，你要记住，跌倒了就要自己爬起来，这个世界上没有任何一个人会是你永远的依靠。你如果想要生存，想要比别人活得更好，只能靠自己站起来！"

听完父亲的话，他心中充满愧疚，他站起来，抖了抖身上的灰尘，接过父亲递给他的那张返程机票。

他不远万里匆匆赶回家乡，想重温一下久违的亲情，却连家门都没有踏入便又返回了学校。从这以后，他发奋努力，无论遇到什么困难，无论跌倒多少次，他都咬着牙挺了过来。他一直记着父亲的那句话——"跌到了就要自己爬起来，没有任何一个人会是你永远的依靠。"

一年以后，他拿到了学校的最高奖学金，而且还在一家具有国际影响力的刊物上发表了数篇论文。

没有人替你勇敢，没有人可以一辈子为你而活，所以要自己学会坚强。

实际上求人不如求己，父母兄弟也好，亲戚朋友也罢，虽说

是我们生活中最亲近的人，但并不是我们生活的完全依靠者，脚下的路还得自己走，再多的苦也应该自己扛，谁也无法代替你去感受。

【总结与领悟】

没有人会永远保护你，父母终究会老去，朋友都会有自己的生活，所有外来的赐予必然日渐远离，所以我们要学着给自己温暖和力量，遇到困难不要灰心、不要抑郁，越是孤单越要坚强，生命的重负还要你来扛起。

你不成长，没有人会等你

每一天早上，在非洲的大草原上从睡梦中醒来的羚羊都会告诉自己："赶快跑！"因为如果跑慢了，就很有可能被狮子吃掉！每一只从梦中醒来的狮子也会告诉自己："赶快跑！"因为如果跑慢了，就很有可能会被饿死！这就是生存的法则。

人生的道路上你同样不能停步，因为在你停步不前时，有人却在拼命赶路。也许此时你站在这里，他还在你的后面，但当你再一回望时，可能就看不到他的身影了，因为，他已经跑到了你的前面，

1. 生活的磨砺，只是为了让你明白人生的道理

那么反过来就需要你去追赶他了。所以，想保住自己的生存地位，你就不能停步，你要不断向前，最好不断超越。

霍华德就职于华盛顿的一家金融公司，做他最擅长的人事工作。不久前，他的公司被一家德国公司兼并了。在兼并合同签订的当天，公司的新总裁宣布："我们愿意留下这里的老员工，因为你们拥有娴熟的工作技术，你们都曾为这家公司做过贡献，但如果你的德语太差，导致无法和其他员工交流，那么，不管是职位多高的人，我们都不得不遗憾地请你离开。这个周末，我们将进行一次德语考试，只有合格人才能继续在这里工作。"

下班后，几乎所有人都停止了娱乐活动，他们必须抓紧时间补习德语了。而霍华德却像往常一样出去休闲玩乐了，看来，霍华德已经放弃了这份工作。"这个不求上进的家伙！"同事们如是说道。

然而，令所有人意想不到的是，考试结果出来以后，这个在大家眼中没有希望的人却考了最高分。原来，霍华德早在初进公司时就发现，这家公司与德国人有很多的业务往来，不懂德语会使自己的工作受到很大的限制，所以，他从那时起就开始利用一切可以利用的时间学习德语了。最终学有所获。而他的很多同事，工作能力并不差，但却只能遗憾地离开了。

如果你每天落后别人半步，一年后就是183步，十年后即是1830步。那么就算你甩折了膀子、跑断腿，你也绝然不会赶上人家。竞争的实质，就是在最快的时间内做最好的东西，人生最大的成功，就是在有限的时间内创造无限的价值。最快的冠军只有一个，任何领先，都是时间的领先！有时我们慢，不是因为我们不快，而是因为对手更快，那么，你就必须让自己更加紧迫起来。

【总结与领悟】

你能看多远,你便能走多远。一个的成长,需要规划,需要设计,也需要努力。虽然努力的人未必很成功,但不努力的人一定不成功。"过一天算一天""当一天和尚撞一天钟"的人什么时候都不吃香。你不成长,没有人会等你!

世上没有免费的午餐

一条小鱼在水里自由自在地游着,忽然它发现前面有一条肉虫在水中扭来扭去。"多肥美的肉虫啊!"小鱼高兴地想,"正好给我当午餐。"它刚想过去吞掉肉虫,一条箭鱼飞快地冲过来挡住了它:"嘿!小家伙,不要命了!那是人类给我们设的陷阱,把它吞下去就会没命的!要吃午餐还是自己去找吧。"说完它就游走了。小鱼觉得不甘心,送到嘴边的美食怎么能放过呢?再说也没看到人类啊,一定是箭鱼在吓自己!它张开大嘴一口吞下了肉虫,紧接着它觉得肚子好痛,一股力量将它拉出了水面。"原来天下真的没有免费的午餐啊!"在生命的最后一刻,它才悲哀地明白了这一点。

钓鱼的人要下饵,骗子往往先诱人以小利,许多"聪明人"在

1. 生活的磨砺，只是为了让你明白人生的道理

见到"便宜"的时候，就忘了"天上不会掉馅饼"的道理，不加防备地走进人家设好的圈套。

这天，张大爷去城里看望儿子儿媳，半路上，突然见到一个精美的首饰盒滚到他的脚边。身旁的一个小伙子眼尖手快，急忙捡了起来，打开一看，里面竟然有一条金项链，还附着一张发票，上面写着某某饰品店监制，售价3000元。张大爷当即拽住小伙子，让他在原地等候失主。可是等了老半天，还是没人来领。

那个小伙子便小声提议两个人私分，说："给我一千元，项链归你。"一边说着，他一边朝巷口走去。张大爷一听，这怎么可以？但是看看项链，心里就有点动摇了。心想："不如把它买下送给儿媳妇吧，当年她嫁过来，家里条件不好，也没给她买什么东西。这次去看他们，正好把这个项链送给她，也是我这个做公公的一番心意。"

张大爷的犹豫没有逃过小伙子的眼睛，他更是一个劲地说劝说张大爷。张大爷经不住小伙子的蛊惑，便说："可是我没有这么多钱，我是来城里看我儿子的，身上只带了800块钱。"

小伙子故作大方地说："这样呀，没有关系，我就吃点亏，谁叫您年纪比我大呢？"

于是，张大爷将800块钱给了那个小伙子，拿着那条金项链美滋滋地向儿子家走去。

一到儿子家，他就把路上遇到的事情跟儿子儿媳说了，还拿出那条金光闪闪的项链送给儿媳妇。小夫妻俩一听就觉得不对，果然，那条项链根本就是假的。

张大爷这才恍然大悟，原来人家设了一个陷阱让他跳，于是他非常懊恼，因为那800块是准备给还没出生的小孙子买些东西的。

张大爷因为贪吃天上掉下来的馅饼而掉进了圈套中，其实，这

些陷阱都是人们自己挖掘的。人生最可怕的，莫过于跳进自己亲手挖下的陷阱中！

其实，骗子们骗人的伎俩并不见得有多高明，只要稍加分析就不难发现，大多数骗子都不过是抓住了人们期望不劳而获的心理。本来，世界上就没有不劳而获的事情，就如同天上不会掉馅饼一样，但是很多人却总是期望奇迹会发生在自己身上，他们将之称为上天对自己的恩赐，殊不知，这些所谓的奇迹只不过是披着上天恩赐的光环，骨子里却干着骗人的勾当。

世上没有免费的午餐，也不会有天上掉馅饼这种好事，不劳而获的几率几乎为零。如果哪一天真有个"馅饼"掉下来，那多半就是个陷阱。人，无论想要得到什么，都必须靠自己的努力去争取。

【总结与领悟】

生活中的街头骗术五花八门，而且这些骗术也随着人们对其认识程度的发展在不断地进行着花样翻新。不过，无论其披着怎样华丽的外衣，只要你坚信一点：天上不会无缘无故地掉下馅饼。这样，你就不会掉进骗子们精心设计的陷阱了。

2.
那些让你痛苦的，必是让你成长的

痛苦是一种对人生很有用的经历，它看起来有点像牡蛎，虽然会喷出扰乱我们心绪的沙子，但体内却隐藏着一颗颗可以让我们迈向成功的珍珠！在痛苦面前，要么你被它击倒，要么你把它踩在脚下。

不经风霜，生意不固

想人的一生，在自己的哭声中临世，在亲人的哭声中辞世，中间百十年的生活，无时无刻不在与艰巨、困苦、疾病、灾害打交道。

苦难，就像是人的影子，从生到死悄然地跟随在我们身边。不知道什么时候，它就会悄然伸出一只手，将人推倒在地，然后幸灾乐祸地看着你。而你，要么惊慌失措，让苦难得意扬扬；要么马上站起来，抛给苦难一个不屑的眼神。但苦难还是会一直陪着你，企图下一次在你不注意的时候，再次让你跌倒。

被苦难推倒的时候，那滋味的确不好受，有时它就像是一座大山，压得你喘不过气来。我们多少次诅咒这苦难，希望它一去不复返，然而，现实总是与愿望背道而驰。所以，你只能学着接受苦难。其实，困难带来我们的也不仅仅是苦辣酸，因为如果把一生泡在蜜罐里，你是感觉不到甜蜜的。正是因为有了苦难，我们才知道守候与珍惜，守候平淡与宁静，珍惜活着的时光。人这一生，总有些苦是必须要吃的，今天不苦学，少了精神的滋养，注定了明天的空虚；今天不苦练，少了技能的支撑，注定了明天的贫穷。所以即使再苦再难也要笑着走下去，这是我们成长中所必须经历的坎，跨过它，就会感悟到生命那不一样的精彩。

2. 那些让你痛苦的，必是让你成长的

台湾作家林清玄写过一个故事：有一年，上帝看见农民种的麦穗颗粒饱满，觉得很开心。农夫见到上帝却说："五十年来我没有一天结束祈祷，祈祷年年不要有风雨、冰雹，不要有干旱、虫灾。可无论我怎样祈祷总不能如愿。"这时，农夫忽然吻着上帝的脚说："我全能的主呀！您可不可以明年承诺我的恳求，只要一年的时光，不要大风雨、不要烈日干旱、不要有虫灾？"

上帝说："好吧，明年必定如你所愿。"

第二年，由于没有狂风暴雨、烈日与虫灾，农民的田里果然结出很多麦穗，比往年的多了一倍，农民高兴不已。可等到秋天的时候，农夫发现所有的麦穗竟全是瘪瘪的，没有什么好籽粒。农夫含泪问上帝，说："这是怎么回事？"

上帝告诉他："由于你的麦穗避开了所有的考验，才变成这样。"

一粒麦子，尚且离不开风雨、干旱、烈日、虫灾等挫折的考验，那么，对于一个人来说，更是如此。

"草木不经风霜，则生意不固；吾人不经忧患，则德慧不成。"近代哲人沈近思如是说。生命中难免有暗夜，然而只要我们心怀阳光，坚强地面对，就一定会发现，生命中的每一次苦难对于我们而言都是那么地富有深意。

【总结与领悟】

在这个世俗的社会，每个人只有在经历了痛苦之后，才能找到自身的价值，才能看清生命的本来面目。有智慧的人会把痛苦视为人生中不可缺少的一个季节，在它到来时，播撒成功的种子；在它离去时，报以幸福的微笑。

不经磨砺，无以成器

英国劳埃德保险公司曾从拍卖市场买下一艘船，这艘船1894年下水，在大西洋上曾138次遭遇冰山，116次触礁，13次起火，207次被风暴扭断桅杆，然而它从未沉没过。

劳埃德保险公司基于它不可思议的经历及在保费方面带来的可观收益，最后决定把它从荷兰买回来捐给国家。现在这艘船就停泊在英国萨伦港的国家船舶博物馆里。

不过，使这艘船名扬天下的却是一名来此观光的律师。当时，他刚打输了一场官司，委托人也于不久前自杀了。尽管这不是他的第一次失败辩护，也不是他遇到的第一例自杀事件，然而，每当遇到这样的事情，他总有一种负罪感。他不知该怎样安慰这些在生意场上遭受了不幸的人。

当他在萨伦船舶博物馆看到这艘船时，忽然有一种想法，为什么不让他们来参观参观这艘船呢？于是，他就把这艘船的历史抄下来和这艘船的照片一起挂在他的律师事务所里，每当商界的委托人请他辩护，无论输赢，他都建议他们去看看这艘船。

它使我们知道：在大海上航行的船没有不带伤的。

2. 那些让你痛苦的，必是让你成长的

温室中的花朵，很少能够得到诗人的垂青；贪图安逸的"懒人"，只能一次又一次被人超越。正如一首歌中唱的那般——"不经历风雨，怎么见彩虹，没有人能随随便便成功。"

很久以前，武夷山上有两块大石，他们相伴千载，阅尽人世沧桑、六道轮回。

一天，一块石头对另一块石头说："不如我们去尘世磨炼磨炼吧，能够体验一下世间的坎坷及磕碰，也不枉来此世一遭。"

后者不屑："何必去受那份苦呢？在此凭高远眺，数不尽的美景尽收眼底，青山翠柏、香茗异草陪伴身旁，何等惬意！再说，这一路碰撞不断、磨难重重，会令我们粉身碎骨的！"

于是，前者晃动身躯，顺山溪滚滚而下，一路左磕又碰，周身伤痕累累，但它依然执着地向前奔波，终入江河，承受着流水与岁月的打磨。

后者嗤之以鼻，安立于高山之上，看盘古开天辟地时留下的风尘美景，享风花雪月的畅意情怀。

又过千载，前者在尘世的雕琢、锤炼之下，成为稀世珍品、石艺奇葩，受万人瞻仰。后者得知，亦想效仿前者，入尘世接受洗礼，赢得世人赞叹。但每每想到高山上的安逸、享乐，想到尘世的疾苦，想到粉身碎骨的危险，它便不舍了、退却了。

再后来，世人为更好地珍藏石艺奇葩，决定为它建造一座别具一格的博物馆，建筑材料全部用石头，以突出"石"的主题。于是，世人来到武夷山上，将那块贪图安逸、贪图享乐的大石及很多石头砸成碎块，为前者盖起了一座"别墅"。后者痛哭，它最终还是粉身碎骨，但碎得未免太不值得。

其实，人们最好的成绩往往是处于逆境时做出的。思想上的压

力，甚至肉体上的痛苦都可能成为精神上的兴奋剂。在那些曾经受过折磨和苦难的地方，最能长出思想来。所以，很多时候，因为选择的不同，资质上相差无几的人便有了不一样的命运：有些人放弃安逸，甘受风霜的洗礼、尘世的雕琢，便做出了让人羡慕的成绩；有些人放弃雕琢，沉于安逸，便成了一块废料。如果是你，你会放下什么？选择什么？

【总结与领悟】

没有苦中苦，哪来甜中甜？不要像玻璃那样脆弱，而应像水晶一样透明、太阳一样辉煌、蜡梅一样坚强。既然我们想要睁开眼睛享受风中的清凉，就不要再害怕风中细小的微沙。

痛苦的时候，正是成长的时候

无论你多么不愿意，人生就是这样，布满了坎坷和荆棘，生活的味道必然是酸甜苦辣，一应俱全，这一切都需要你去跨越，我们每越过一条沟坎就是一种人生，所经历的挫折、磨难、困惑就是人生的过程。人生百味，缺少哪一种味道都不完整，每一种味道我们都要亲自去品尝，没人可以替代。

2.那些让你痛苦的，必是让你成长的

其实，人生的苦味甚至更多过于甜味，一个人的降生便是从痛苦开始，而一个人生命的结束，多少也带着些许痛苦。人这一生，就是不断与痛苦抗争的过程，人生的意义，就在于从与痛苦的抗争中寻找快乐。

所以是痛苦还是快乐，全在你心的裁决，再重的担子，笑着也是挑，哭着也是挑，再不顺的生活，微笑着撑过去了，就是胜利。承受，不靠身体，而靠心力。人生何时承受不起，便开始输了。

曾看到这样一则故事：

有个人凑巧看到树上有一只茧开始活动，好像有蛾要从里面破茧而出，于是他饶有兴趣地准备见识一下由蛹变蛾的过程。

但随着时间的一点点过去，他变得不耐烦了，只见蛾在茧里奋力挣扎，茧随之扭来扭去的，但却一直不能挣脱茧的束缚，似乎是再也不可能破茧而出了。

最后，他的耐心用尽，就用一把小剪刀，把茧上的丝剪了一个小洞，让蛾可以出来得容易一些。果然，不一会儿，蛾就从茧里很容易地爬了出来，但是那身体非常臃肿，翅膀也异常萎缩，耷拉在两边伸展不起来。

他等着蛾飞起来，但那只蛾却只是跌跌撞撞地爬着，怎么也飞不起来，又过了一会儿，它就死了。

飞蛾在由蛹变茧时，翅膀萎缩，十分柔软；在破茧而出时，必须要经过一番痛苦的挣扎，身体中的体液才能输送到翅膀上去，翅膀才能充实有力，才能支持它在空中飞翔。其实它痛苦的时候，也正是成长的时候，只是被那个无知的人无情地剥夺，造成了生命的脆弱。我们的人生也是如此，任何一种生存技能的锤炼，都

需要经历一个艰苦的过程，任何妄图投机取巧、减少努力的行为都是缺乏短见的。人世之事，瓜熟才能蒂落，水到才能渠成，与飞蛾一样，人的成长必须经历痛苦挣扎，直到双翅强壮后，才可以振翅高飞。

所以，感谢上天给你的一切苦难吧，感激我们的失去与获得，学会理智，学会释怀，不要消沉于痛苦之中消极、颓废，更不能让你爱的人和爱你的人为你担心、因你痛苦。痛苦不过是成长中必然经历的一个过程，如果你没有走出痛苦，那是因为你还没有成熟。

【总结与领悟】

成长的过程，必然要伴随着一些阵痛，这是走向高大和健壮的前奏，在这个过程中，或者经历过一些挫折，或者百转千回，又或者惊心动魄，最终总会让你明白——所有的锻炼不过是再次呈现我们还没学会的功课。所以说，我们要学着与痛苦共舞，这样，我们才能看清造成痛苦来源的本质，明白内在真相。更重要的是，它能让我们学到该学的功课。

很多时候，厄运甚至是一种幸运

很多时候，厄运甚至就是一种幸运，就是一种难得的契机，因为它将你推到了不得不选择去走另一条路的境地，当你一旦踏上了这一条新路，成功可能就在向你招手了。

麦吉是耶鲁大学戏剧学院毕业的美男子，23岁时因车祸失去了左腿之后，他依靠一条腿精彩地生活，成为全世界跑得最快的独腿长跑运动员。30岁时，厄运又至，他遭遇生命中第二次车祸，从医院出来时，他已经彻底绝望——一个四肢瘫痪的男人还有什么用处呢？

麦吉开始吸毒，自暴自弃，可是这不能拯救他。一个寂静的夜晚，痛苦的麦吉坐着轮椅来到阿里道，望着眼前宽阔的公路，忽然想起自己曾在这里跑过马拉松。前路还远，生命还长，难道就这样把自己放逐？顿时，他惊醒过来："四肢瘫痪是无法改变的事实，我只能选择好好活下去！我才33岁，还大有希望。"

麦吉坚定意志，开始了他的精彩人生。现在，他正在攻读神学博士学位，并且一直帮助困苦的人解决各种心理问题，他以乐观的心态、温和的笑容，给那些逆境中的人们送去温暖和光明。

也许你难以相信，芸芸众生中最大的失败者往往是那些幸运儿——出身富裕、衣食无忧的孩子。优越的生活和百依百顺的父母，使他们形成这样一个意识：世界是为他们造的。稍有不顺心，他们就抱怨、仇恨，或者出走，或者犯罪，甚至选择极端的方式——自杀，放弃整个世界。只因为弦出了点问题，有些磨损，拉出的音不是那么和谐，他们便马上认为自己的小提琴坏了。我们不能责怪那些被宠坏的孩子，太优越的一切让他们连动手剥水果皮的能力都丧失了。命运给他们的是一只芬芳四溢的桔子，但是他们连皮都不屑剥开，于是他们咬到的只是橘子皮，又苦又涩。

奇怪的是，在那些报纸中，很少见到贫困的孩子因为青春期的叛逆和一些小小的琐事离家出走。这些生来就不太幸运的孩子，知道怎样靠自己的努力争取一切，根本没有时间抱怨和歇斯底里。命运给他们的是一只样子好丑的柠檬，而且里面是酸的，他们却乐观地说："我会把它做成柠檬水，在里面加些蜂蜜，真是太好了。"

没有一个人命里注定要过一种失败的生活，也没有一个人命里注定要过一帆风顺的生活。然而，机会要靠自己去探索寻求，去把握选择，去牢牢地抓住。

【总结与领悟】

只有你能决定自己的厄运持续多久。痛苦就像一把刀子，握住刀柄，它是可以为我们服务的；拿住刀刃，就只会割破手。在苦闷的时候，不要自以为一切都完了，殊不知，一切还都会重新开始呢。

忍超常之痛，才会有超常的收获

最美的刺绣是以艳丽的花朵映衬于暗淡的背景，而绝不是以暗淡的花朵映衬于明丽的背景。人的美德犹如名贵的香料，在烈火焚烧中会散发出最浓郁的芳香。正如恶劣的品质可以在幸福中暴露一样，最美好的品质也正是在逆境中被显现的。

有一个小男孩，因为疾病而导致左脸局部麻痹，嘴角畸形，相貌丑陋，还有一只耳朵失聪。

他讲话时不仅嘴巴总是歪向一边，而且还有口吃。为了矫正自己的口吃，小男孩模仿古代一位著名的演说家，嘴里含着小石子苦练讲话。母亲看到儿子的嘴巴和舌头都被石子磨破了，流着眼泪心疼地说："不要练了，妈妈照顾你一辈子。"懂事的小男孩一边替妈妈擦着眼泪，一边说："妈妈，您对我说过，每一只漂亮的蝴蝶，都是在经过痛苦的抗争，冲破了茧的束缚之后才变成的。我就是要在苦练中变成一只美丽的蝴蝶。"

经过日复一日的苦练，小男孩终于能够流利地讲话了。由于他的勤奋和善良，在中学毕业时，他不仅取得了优异成绩，还赢得了同学们的普遍好评。

苍天不负苦心人。1997年，63岁的他勇敢地参加了加拿大总理大选。他的对手居心叵测地利用电视广告夸大他的脸部缺陷。然后写上这样的广告词："你要这样的人来当你的总理吗？"但是，这种极不道德的、带有人格侮辱性质的攻击，引起了大部分选民的愤怒和谴责。他的成长经历被人们知道后，他赢得了广大选民极大的同情和尊敬。"我要带领国家和人民成为一只美丽的蝴蝶！"他的这个竞选口号深得人心，使他以高票当选为总理，并在2000年总理大选中再次获胜。他就是加拿大第一位连任两届的总理让·克雷蒂安，人们亲切地称他是"蝴蝶总理"。

其实，任何不幸、失败与损失，都有可能成为我们的有利条件。生活是很公平的，它可以将一个人的志气磨尽，也能让一个人出类拔萃，就看你是怎样的一个人。

【总结与领悟】

看似不可克服的困难，往往是新发现的预兆。在人的天性中，有一种神赐的力量。这种力量是不能形容、不能解释的，它似乎不在普通的感官中，而隐藏在心灵深处。一旦处境危急，这种力量就会爆发出来，使我们得救。那些潜藏在内心的精神力量，是那些在日常生活中不曾唤起的精神力量，能够使凡人成为巨人。

天才的辛苦，只有他们自己明白

你付出多少努力，就必有多少收获。你若不肯付出，就不要奢望得到成功的眷顾。

一个穷汉每天都在地里劳作，他觉得非常辛苦，因而时常抱怨上天不公。有一天，他突然想："与其每天辛苦工作，不如向神灵祈祷，请他赐给我财富，供我今生享受。"

他深为自己的想法得意，于是把弟弟喊来，把家业委托给他，又吩咐他到田里耕作谋生，别让家人饿肚子，确保自己没有后顾之忧之后，他就独自来到天神庙，为天神摆设大斋，供养香花，不分昼夜地膜拜，毕恭毕敬地祈祷："神啊！请您赐给我现世的利益和安稳吧！"

天神听见这个穷汉的愿望，内心暗自思忖："这个懒惰的家伙，自己不工作，却想谋求巨大的财富。即使他在前世曾做布施，累积功德，也没有用的，不妨用些方法，让他死了这条心吧。"

于是，天神就化作他的弟弟，也来到天神庙，跟他一样的祈祷求福。

哥哥看见了，不禁问他："你来这儿干吗？我吩咐你去播种，你种下了吗？"

弟弟说："我跟你一样，来向天神求财求宝，天神一定会让我衣食无忧的。纵使我不努力播种，我想天神也会让麦子在田里自然生长，满足我的愿望。"

哥哥一听弟弟的话，立即骂道："你这混账东西，不在田里播种，想等着收获，实在是异想天开。"

弟弟听见哥哥骂他，却故意问："你说什么？再说一遍。"

"我就再说给你听：不播种哪能得到果实！你太傻了！"

这时天神才现出真身，对穷汉说："诚如你自己所说，不播种就没有果实。过去不播善因的种子，今天哪会有什么善果？不努力而想得福，那是根本办不到的！"

播撒种子就如同是前因，只有播种了，在结果时才会有收获。凡事必须付出才有收获，古语"一分耕耘，一分收获"就是此理。

然而很多时候，我们似乎更倾向于一种"天才论"，认为有一种人生来就天赋，所以在某一领域尤为突出的人，时常被我们称之为"天才"。譬如科比，你可能认为他就是个篮球天才，的确，这需要一定的天赋，但若真以天赋论，科比不及同时代的麦格雷迪，若以起点论，科比更不及同年的选秀状元艾弗森，如今何以有如此不同的境遇？就是因为他更能吃苦。

自从进入 NBA 以来，科比就从未缺少过关注，从一个高中生一夜成为百万富翁，到现在的亿万富翁，他的知名度在不断上升。洛杉矶如此浮华的一座城市对谁都充满了诱惑，但科比却说："我可没有洛杉矶式的生活。"从他宣布跳出大学门槛加盟 NBA 的那一刻起，

2. 那些让你痛苦的，必是让你成长的

他就很清楚，自己面对的挑战是什么。

每天凌晨4点，当人们还在睡梦中时，科比就已经起床奔向跑道，他要进行60分钟的伸展和跑步练习。9：30开始的球队集中训练，科比总是提前一个小时到达球馆的一个人，当然，也正是这样的态度，让科比迅速成长起来。于是，奥尼尔说："从未见过天分这样高，又这样努力的球员"。

十几年弹指一挥间，科比越发努力起来，他从未降低过对自己的要求。右手伤了就练左手，手指伤了无所谓，脚踝扭了，只要能上场就绝不缺赛，背部僵硬，膝盖积水……一次次的伤病造就出来的，是更坚强的科比·布莱恩特。于是你看到的永远如你从科比口中听到的一样——"只有我才能使自己停下来，他们不可能打倒我，除非杀了我，而任何不能杀了我的就只会令我更坚强。"

当然，想要成功绝不是说一句励志语那么简单，而相同的话与他同时代的很多人都曾说过，但现在我们发现，有些人黯然收场，有些人晚景凄凉，有些人步履蹒跚。而今，能与年轻人一争高下的就只剩下了科比。

"在奋斗过程中，我学会了怎样打球，我想那就是作为职业球员的全部，你明白了你不可能每场都打得很好，但你不停地奋斗会有好事到来的。"这就是科比。

真正的精英并不一定是天才，都是要付出更多努力的人。天才就是百分之一的天赋，外加百分之九十九的汗水。只是在这百分之九十九的汗水后，谁又能懂得天才的付出、天才的辛苦呢？你不知道哪些所谓的天才，比你多承受了多少痛苦，比你多滴落了多少汗

水，才会有今天的骄傲与灿烂。可能只有他们自己明白，也只有他们自己才品味得出。

【总结与领悟】

吃苦是成功必经的过程。幸福中有苦难，生活就是享受与受苦、幸福与悲哀的混合体。吃苦能够增强我们的免疫力，吃多少种苦，我们就会在那些艰难困苦的环境下获得免疫力。你羡慕今天的那些"大人物"，殊不知，当初他们也是"小人物"，只不过吃了别人吃不了的苦，才成就别人成就不了的事。

问题不是发生了什么，而是你如何面对它

一个人要是跌进水里，他游泳游得好不好是无关紧要的，反正他得挣扎出去，不然就得淹死。逆境来时勇敢地尝试改变它，你可能创造历史；不敢改变，你就可能为历史所淘汰。

米契尔遭受了两次常人难以忍受的灾难。

第一次意外事故，把他身上65％以上的皮肤都烧坏了，他变得面目可怖，手脚变成了不分瓣的肉球，为此他动了16次手术。手术

2. 那些让你痛苦的，必是让你成长的

后，他无法拿叉子吃饭，无法拨电话，也无法一个人上厕所，但曾是海军陆战队队员的米契尔从不认为他被打败了。面对镜子中难看的自己，他想到某位哲人曾经说："相信你能你就能！""问题不是发生了什么，而是你如何面对它。"他说："我完全可以掌握我自己的人生之船，我可以选择把目前的状况看成是倒退或是一个成功的起点。"

他很快从痛苦中解脱出来，几经努力、奋斗，他变成了一个成功的百万富翁。米契尔为自己在科罗拉多州买了一幢维多利亚式的房子，另外还买了房产、一架飞机及一家酒吧。后来，他和两个朋友合资开了一家公司，专门生产以木材为燃料的炉子，这家公司后来成为佛蒙特州第二大的私人公司。

意外事故发生后的第4年，他不顾别人苦苦规劝，坚持要用肉球似的双手学习驾驶飞机。结果，在助手的陪同下他升上了天空后，飞机突然发生故障，摔了下来。当人们找到米契尔时，发现他的脊椎骨粉碎性骨折，他将面临的是终身瘫痪。家人、朋友悲伤至极，他却说："我无法逃避现实，就必须乐观接受现实，这其中肯定隐藏着好的事情。我身体不能行动，但我的大脑是健全的，我还有可以帮助别人的一张嘴。"他用自己的智慧，用自己的幽默去讲述能鼓励病友战胜疾病的故事。他到哪里，笑声就被他带到哪里。

在厄运的重创下，米契尔仍不屈不挠，日夜努力使自己能达到最高限度的独立。他被选为科罗拉多州孤峰顶镇的镇长，以保护小镇的美景及环境，使之不因矿产的开采而遭受破坏。米契尔后来也曾竞选国会议员，他用一句"不要只看小白脸"的口号，将自己难看的脸转化成一项有利的资产。

一天，一位护士学院毕业的金发女郎来护理他，他一眼就断定这就是他的梦中情人，他将他的想法告诉了家人和朋友，大家都劝他："别再痴心妄想了，万一人家拒绝你多难堪呀！"他说："不，万一成功了呢？万一她答应了呢？"米契尔决定去抓住哪怕只有万分之一的可能，他勇敢地向那位金发女郎求爱。结果两年之后，那位金发女郎嫁给了他。米契尔经过不懈的努力，成为美国人心目中的英雄，也成为美国坐在轮椅上的国会议员，拿到了公共行政硕士学位，并持续他的飞行活动、环保运动及公共演说。

米契尔说："我瘫痪之前可以做1万种事，现在我只能做9000种，我可以把注意力放在我无法再做的1000件事上，或是把目光放在我还能做到的9000件事上，告诉大家我的人生曾遭受过两次重大的挫折，如果我能选择不把挫折拿来当成放弃努力的借口，那么，或许你们可以从一个新的角度，来看待一些一直让你们裹足不前的经历。你要想开一点，然后你就有机会说：或许那也没什么大不了的！"

要抓住万分之一的机会，可不是那么容易的，必须要有积极、乐观的人生态度；只有凡事往好处想，才能视困难为机遇和希望，才能迎难而上，增添生活的勇气和力量，战胜各种艰难险阻，赢得人生与事业的成功，那万分之一就成了百分之百。

【总结与领悟】

有多少次困难临头，开始以为是灭顶之灾，令人感到恐惧，受到打击，似乎无法逃脱，胆战心惊。然而，突然间我们的雄心被激起，内在力量被唤醒，结果化险为夷，只不过是一场虚惊。一个真正坚强的人，不管什么样的打击降临，都能够从容应对，临危不乱。当暴风雨来临时，软弱的人屈服了，而真正坚强的人镇定自若、胸有成竹。

凡是不能打败你的，最终都会让你变强！

  一个人绝对不可在遇到危险的威胁时，背过身去试图逃避；若是这样做，只会使危险加倍。

  痛苦是造物主对人类最隐匿的一种恩赐，它的到来，有时是对幸福的提醒，有时是对天才的暗示。痛苦被用作提醒的时候，是让你不要偏离幸福的法则；被用作暗示的时候，是告诉你，你正担当着重任。

  央视金牌主持人白岩松以其庄重而平和的主持风格深受观众喜爱，大家亲切地称之为"国家脸谱"。但鲜有人知道，这张光彩熠熠的"脸谱"经历过怎样的打磨。

  汶川地震后，在哪个举国哀痛的日子里，白岩松为都江堰一所中学的学生当起了临时心理老师，并缓缓道出了自己曾经艰难的经历。

"地震使得不少孩子失去亲人，而我8岁的时候父亲就去世了，10岁时，从小抚养我的爷爷也离我而去，整个家庭只剩妈妈拖着我和哥哥，靠很低的工资过日子。"虽说如此，但回首往事，白岩松并不是充满感伤，而是释然地告诉孩子们，直到现在，自己仍对经历过的辛酸生活充满了感激。

平素里给人以端庄稳重、不苟言笑印象的白岩松，小时候却是个淘气包，由于贪玩，白岩松小时候的学习成绩非常差。最差的一次，竟然考了全班倒数第二，他一气之下，偷偷把贴在班级里的成绩榜撕了。

随着年龄的增长，贫寒的家境让白岩松较同龄人更早地成熟起来，他的成绩也逐渐上去了。高三那年，为了进一步提高学习成绩，他把所有的课本都装订起来，历史书订了600多页，地理书订了700多页，而语文书订了1000多页。然后，白岩松要求自己每天每科必须掌握30页的内容。结果，这个曾不被看好的淘气包、穷小子，最终考上了理想中的大学。

谈到这些，白岩松感叹道："青春最可爱的地方就在于有大把的时间可以去挥霍，你可以犯无数的错误，因为你有改正错误的时间，但是当中年这杯下午茶端在你手里的时候，你就知道要赶紧做正确的事，因为错了就没有改正的时间了。"

大学毕业后，白岩松被分配到《中国广播报》当记者。在那里，白岩松结识了现在的妻子朱宏钧。1993年，中央电视台推出《东方时空》栏目，白岩松便跑去做兼职策划。制片人见他思维敏捷、语言犀利，便鼓励他尝试做主持人。不过，因为不是播音专业出身，发音不准、读错字的情况经常在白岩松身上出现。当时，中央电视

2. 那些让你痛苦的，必是让你成长的

台有规定：主持人念错一个字罚款50元。有一个月，白岩松的工资被罚光了，还倒欠栏目组几十元。问题迫在眉睫：白岩松属借调，如果无法胜任工作铁定要被退回去。这一期间，他的神经就像拉得满满的弓——"有连续四五个月的时间，一分钟都睡不着，天天琢磨着自杀，不想活了！因为不愿意说话，妻子在我身边，我们俩也只用笔交流。"

丈夫的痛苦朱宏钧看在眼里，疼在心里，然而她却以普通女性少有的坚强鼓励丈夫："坚持下去，我全心全意支持你。"

为了让丈夫尽快进入角色，朱宏钧每天都督促丈夫练习普通话。她把一些生僻字和多音字从字典里挑出来，注上拼音让白岩松反复朗读，还让他在嘴里含块石头练习绕口令。"我用了两年的时间，由睡一个小时到两个小时，慢慢把心态调整过来。现在回头看，那是我特别重要的一次成长，突然看淡了很多事。"白岩松说。

终于，白岩松练出了一口流利、标准的普通话，加上机敏的思维、语言犀利的天赋，他终于在栏目组站稳了脚跟。两年后，白岩松斩获"金话筒"奖，正式调入中央电视台。

回首过往，白岩松对孩子们说："苦难是一笔财富，每一个成功的人都会面对苦难，每一个成功的人在苦难面前都会勇往直前，永不言弃！当苦难、打击，你已经很好地走过时，回忆起它都会带有温暖的颜色。"

当你不在惧怕苦难时，你会对人生有更深一层的领悟，就是在这样一次次的领悟中，你会走出一个不平庸的人生。

所以你必须相信，那么多当时你觉得快要要了你的命的事情，那么多你觉得快要撑不过去的打击，都会慢慢地过去。就算再慢，

只要你愿意努力，它都会成为过去。而面对那些你暂时不能拒绝的、不能挑战的、不能战胜的、不能逆转的事情，你就告诉自己，凡是不能杀死你的，最终都会让你变得更强！

【总结与领悟】

现在的磨砺看似痛苦至极，但它造就出来的锋利将来锐不可当，此际仍是三尺无所用处的废铁，说不准某日这块废铁便气贯长虹！人之痛苦不是永恒不变的，一旦在痛苦中发现其意义，痛苦就不再成其为痛苦。

3.
人生求胜的秘诀，
只有那些失败过的人才清楚

人在成功的时候往往并不能学到多少东西，但在失败时不一样，因为失败是血淋淋的教训，是最深刻的，是最真的。

失败，只不过是暂时输了一场比赛

　　所有苦难都不过是种历练，它们本身就是上苍送给我们的最好的人生礼物。失败也是一样，我们应该诚心地去接受它，把它当成是对于我们心灵的一种洗礼，告诉自己，这会让我们越发成熟起来。当我们能以乐观的态度去对待人生中那些失败之时，我们的人生就是幸福的。

　　17岁的鲍里斯·贝克作为非种子选手，赢得了温布尔登网球公开赛冠军，一举震惊了世界。一年以后他又成功卫冕。又过了一年，在一场室外比赛中，19岁的他在第二轮输给了名不见经传的对手，因而被淘汰出局。在后来的新闻发布会上，人们问他有何感受。他以在他那个年龄少有的机智答道："你们看，没人死去——我只不过输了一场网球赛而已。"

　　是的，只不过输了一场比赛而已。虽然，这是温布尔登网球公开赛，有很丰厚奖金，但这不是生死攸关的事情！当你遭遇失败时，就当是为自己交了一次学费好了。

　　在现实生活中，有些人会因为失败而跳楼，有些人则会因为战胜失败重新成就了一番更大的事业；有些人会因为对手强大而心生畏惧，有些人则会因为敢于挑战，而使自己快速地成功……人生就

3. 人生求胜的秘诀，只有那些失败过的人才清楚

是这样，只要你的思维变了，眼前的世界就会跟着发生变化，所以请你万事都往好处想！因为，我们的人生还有很长一段路要走，你不能让自己的心在悲观消沉中度过，那样即便到了寿终之时，我们依旧体会不到真正的快乐。生活本身就带着它的两面性，我们应该学着去漠视它的苦，去体会它的乐。

同样的一双眼睛，有人看到的是刺骨严寒，有人看到的是梅花傲然，因而也就转化成了不同的心境。生活是这样的：你看到它的好，它就呈现出它的好；你只盯着它的坏，它就让你觉得更坏。面对失败，我们应该保持自己的激情和坚强，就算眼前的一些事情令我们暂时迷茫了，也要学会透过迷雾看希望。人生本来就是一场充满未知的旅行，我们永远不知道下一站会发生什么事情，但不管发生什么，我们都还活着，那么，快乐地活着是一天，不快乐地活着也是一天，我们又为什么不能弃后者而取前者呢？

心态是横在人生之路上的双向门，我们可以把它转向成功，也可以把它转向失败。你选择了正面，就能乐观自信地舒展眉头，迎接一切；选择了背面，就只能是眉头紧锁，郁郁寡欢，最终成为人生的失败者。

【总结与领悟】

如果你将失败当作是一种不幸的嚎叫，那么你听到的只是悲伤，感受到的只是消极。如果你坦然面对失败，那么你会感知到自己内心存在的强大的力量，这种力量往往会让你得到自己想要得到的，往往会让你实现自己的成功。

障碍与失败，是通往成功最稳靠的踏脚石

　　人们经常把失败与痛苦联系在一起，其实并非如此。失败恰是迎接成功到来的前夜，是铺就成功之路的基石。失败与成功的关系，就像是度过了黑暗才能迎来黎明一样，经失败洗涤的人如果不是被失败湮灭，而是不骄不躁地继续努力，那么迎来的必将是黎明的曙光。

　　爱迪生出身低微，他的"学历"是一生只上过3个月的小学，老师因为总被他古怪的问题问得张口结舌，竟然当着他母亲的面说他是个傻瓜，将来不会有什么出息。母亲一气之下让他退学，由她亲自教育。此后，爱迪生的天资得以充分地展露。在母亲的指导下，他阅读了大量的书籍，并在家中自己建了一个小实验室。为筹措实验室的必要开支，他只得外出打工，当报童卖报纸。最后用积攒的钱在火车的行李车厢建了个小实验室，继续做化学实验研究。有一天，化学药品起火，几乎把这个车厢烧掉。暴怒的列车长把爱迪生的实验设备都扔下车去，还打了他几记耳光，爱迪生因此终生耳聋。

　　爱迪生虽未受过良好的学校教育，但凭个人奋斗和非凡才智获得巨大成功。他以坚韧不拔的毅力、罕有的热情和精力从千万次

3. 人生求胜的秘诀，只有那些失败过的人才清楚

的失败中站了起来，克服了数不清的困难，终于成为发明家和企业家。

仅从1869年到1901年，就取得了1328项发明专利。在他的一生中，平均每15天就有一项新发明，他因此而被誉为"发明大王"。

1914年12月的一个夜晚，一场大火烧毁了爱迪生的研制工厂，他因此而损失了价值近百万美元的财产。爱迪生安慰伤心至极的妻子说："不要紧，别看我已67岁了，可我并不老。从明天早晨起，一切都将重新开始，我相信没有一个人会老得不能重新开始工作的。灾祸也能给人带来价值，我们所有的错误都被烧掉了，现在我们又可以重新开始。"第二天，爱迪生不但开始动工建造新车间，而且又开始发明一种新的灯——一种帮助消防队员在黑暗中前进的便携式探照灯。火灾对爱迪生而言只是一段小小的插曲而已。

"你若在患难之日胆怯，你的力量就要变得微不足道。"世界上没有永远的冬天，也没有永远的失败。在艰难和不幸的日子里，只要保持斗志、信心和忍耐，就拥有了披荆斩棘、所向披靡的利器，这样就必定能征服前行道路上的一切困难，到达成功的目的地。

当你勇敢地面对失败时，你会惊奇地发现失败原来也是一种收获，是酝酿成功的肥沃土壤。没有失败就无所谓成功，关键是看我们对失败的态度，而生活就需要面对失败和挫折。如果放弃了奋斗、追求勇气，所谓成功和失败就无从谈起。不要为昨天的失败而追悔莫及，也不要为明天的成功而忧心忡忡。

无论是谁，他们的成功都无一例外地经历过一个等待、寂寞、积累的过程。在为梦想努力的过程中可能会出现许多的困难和难以承受的寂寞，但必须选择坚持。

【总结与领悟】

有些人之所以害怕失败，是因为他们失去了自信心，他们试图将自己置于万无一失的位置。不幸的是，这种态度也把他们困在一个不可能做出什么杰出成就的位置。失败不过是一个让人重新开始的机会。

对于不屈不挠的人来说，没有失败这回事

任何希望成功的人必须有永不言败的决心，并找到战胜失败、继续前进的法宝。不然，失败必然导致失望，而失望就会使人一蹶不振。

艾柯卡曾任职世界汽车行业的领头羊——福特公司。由于其卓越的经营才能，他的职位节节高升，直至坐到了福特公司的总裁的位置。

然而，就在他的事业如日中天的时候，福特公司的老板——福特二世却出人意料地解除了艾柯卡的职务，原因很简单，因为艾柯卡在福特公司的声望和地位已经超越了福特二世，所以他担心自己的公司有朝一日会改姓为"艾柯卡"。

3. 人生求胜的秘诀，只有那些失败过的人才清楚

此时的艾柯卡可谓是步入了人生的低谷，他坐在不足10平米的小办公室里思绪良久，终于下了决心：离开福特公司。

在离开福特公司之后，有很多家世界著名企业的头目都曾拜访过他，希望他能重新出山，但被艾柯卡婉言谢绝了。因为他心中有了一个目标，那就是："从哪里跌倒的，就要从哪里爬起来！"

他最终选择了美国第三大汽车公司——克莱斯勒公司，这不仅因为克莱斯勒公司的老板曾经"三顾茅庐"，更重要的原因是此时的克莱斯勒已是千疮百孔，濒临倒闭。他要向福特二世和所有人证明："我艾柯卡不是一个失败者！"

入主克莱斯勒之后的艾柯卡，进行了大刀阔斧的整顿和改革，终于带领克莱斯走出了破产的危机。

世间真正伟大的人，对于世间所谓的种种成败，并不介意，所谓"不以物喜，不以己悲"。这种人无论面对多么大的失望，绝不失去镇静，这样的人终能获得最后的胜利。

【总结与领悟】

如果你的内心认为自己失败了，那你就永远地失败了。确信自己被打败了，而且长时间有这种失败感，那失败就可能变成事实；如果你只是认为失败是人生一时的挫折，继续努力奋斗，那你就会有成功的一天。

面对失败低头，就无权在胜利面前仰首

人在挫折或失败面前，是垂头丧气、萎靡不振，还是确定下一个起跑点，重新大步向前迈进，这就是失败者和成功者的区别。

马云曾说："2002年互联网泡沫危机时，我的口号是成为最后一个倒下的人。即使跪着，我也得最后倒下。那时候我坚信一点，我困难，有人比我更困难，我难过，对手比我更难过，谁能熬得住谁就赢。放弃是最大的失败。永远不要放弃自己的信心。"

马云遭遇的第一个人生滑铁卢是高考。尽管马云的英语在同龄人中显得出奇的好，但他的数学实在是一塌糊涂，据说第一次高考时，他的数学成绩只有1分，结果可想而知，解名尽处是孙山，马云更在孙山外。这之后，他当过搬运工，后来登着三轮车帮人家送书。有一次，他给一家文化单位送书时，捡到一本名为《人生》的小说。那是著名作家路遥的代表作。小说的主人公，农村知识青年高加林曲折的生活经历给马云带来了许多感悟。高加林是一个很有才华的青年，他对理想有着执着的追求，但在他追求理想的过程中，往往每向前靠近一步，就会有一种阻力横在他的眼前，使他得不到真正施展才华的机会，甚至又不得不面对重新跌落到原点的局面。

从故事中，马云深刻领悟到，人生的道路虽然很漫长，但关键

3. 人生求胜的秘诀，只有那些失败过的人才清楚

处往往只有几步。于是，他下定决心，要参加第二次高考。那年夏天，马云报了高考复读班，天天骑着自行车，两点一线，在家里和补习班间奔忙。

没想到，第二次高考他依然失利。这一次，马云的数学考了19分，总分离录取线差140分，而且，这一次的成绩使得原本对马云上大学还抱有一丝希望的父母都觉得他不需要再白费力气了。

那时候，电视剧《排球女将》风靡全国，可谓家喻户晓。在那青涩纯洁的年代，小鹿纯子的笑容激励了整整一代人，当然也包括当时的马云。不仅仅是因为她甜美的笑容，更是因为她永不言败的精神。这种精神对马云日后的影响十分深远，"永不放弃"成了马云的座右铭，小鹿纯子的拼搏精神给了马云极大的激励，他不顾家人的强烈反对，毅然开始了第三次高考的复习准备。由于无法说服家人，马云只得白天上班，晚上念夜校。到了周日，为了激励自己好好学习，他还特地早起赶一个小时的路到浙江大学图书馆读书。

考数学的那天早上，马云一直在背10个基本的数学公式。考试时，马云就用这10个公式一个一个套。从考场出来，和同学对完答案，马云知道，自己肯定及格了。结果，那次数学考试，马云考了89分。尝尽失败的滋味以后，马云终于考上了大学。

对马云而言，人生路上的三次高考，早已成为他生命旅程中最宝贵的精神财富

在这个世界上，最不值得同情的人就是被失败打垮的人，一个否定自己的人又有什么资格要求别人去肯定他呢？自我放弃的人是这个世界上最可怜的人，因为他们的内心一直被自轻自贱的毒蛇噬咬，不仅丢失了心灵的新鲜血液，而且丧失了拼搏的勇气，更可悲的是，他们的心中已经被注入了厌世和绝望的毒液，乃至原本健康

的心灵逐渐枯萎……而那些真正意识到自己力量的人，他们永不言败！对于一颗意志坚定、永不服输的心灵来说，永远不会有失败。

【总结与领悟】

不要轻易下结论否定自己，不要怯于接受挑战，只要开始行动，就不会太晚；只要去做，就总有成功的可能。世上能打败我们的，其实只有我们自己，成功的门一直虚掩着，除非我们认为自己不能成功，它才会关闭，而只要我们觉得还有可能，那么一切就皆有可能。

百折不挠，便是成功

成功的路上纵然多荆棘、多坎坷，但是心中若有梦想，就一定要坚持，要激情永在。不坚持，你的梦想再伟大，也无法成为现实。不奋斗，哪来的资本？所以一定要坚持，要实际行动起来，而不是放在嘴上说说就完事。

大卫·贝克汉姆是举世知名的足球运动员，但他最初却是一名越野跑选手。贝克汉姆加入车队不久，机会就来了，著名的Essex越野跑大赛将在4个月后隆重开幕。遗憾的是，他所在的车队知道这

3. 人生求胜的秘诀，只有那些失败过的人才清楚

个消息时，报名截止日期已经过去了。尽管如此，车队的老板还是希望借助这个机会把车队的名气打出去。他去拜访大赛的组织者亨特里先生，希望事情能有转机，结果，碰了个钉子，他垂头丧气地回来了。但他并未死心，又派出几个得力的助手去拜访，结果依然无功而返。

大家都很沮丧，已经准备放弃了。这时，新人贝克汉姆自告奋勇："让我去试试吧，我相信自己能够说服亨特里先生。"老板看着这个乳臭未干的年轻人，摇了摇头："他是个不讲情面的人，孩子，你打动不了他。"

贝克汉姆把胸脯拍得咚咚响："我一定可以做到的！不过我要是成功了，我希望可以代表车队出战。"事情到了这个地步，老板也就抱着"死马当作活马医"的态度，答应了贝克汉姆的请求。

当晚，拿着老板给的地址，贝克汉姆顺利地找到了亨特里的别墅，却被保姆拦在了门外。

"你好。"贝克汉姆礼貌地递上车队名片，说，"请转告亨特里先生，我想和他聊聊赛车。"片刻后，保姆走了出来："对不起，先生说，你们已经来过几次了，没有必要再联系了。"贝克汉姆依然微笑着，说："没关系的，请转告亨特里先生，明天我还会来。"

第2天晚上，贝克汉姆早早地来到了亨特里的别墅前，他在8点钟准时敲响房门，开门的依然是那位保姆。贝克汉姆微笑着说："请转告亨特里先生，我想和他聊聊赛车的事。"保姆不忍当面拒绝，进去请示了，片刻后，保姆出来说："孩子，你还是走吧。先生不愿意见你。"贝克汉姆仍不气馁，说："我明天还是会来的。"

此后的3个月，贝克汉姆每天都来，周末的时候，还坚持一天过来拜访两次，尽管他一次都没见到亨特里先生。但贝克汉姆仍然

没有放弃。

一个雨夜，在他又一次敲响房门后，保姆说："孩子，我给你算过了，加上这次，你已经来过整整100次了。我很佩服你，但我们先生应该不会见你，他正在看球。"当得知亨特里还是一名球迷时，贝克汉姆的眼前一亮，他冲着屋内大声说道："亨特里先生，我今天不跟你谈车，我们谈谈足球吧。"当听到亨特里房间里的电视声音弱了很多时，贝克汉姆开始大谈英格兰足球现状和自己的看法。

过了一会儿，门开了，亨特里走了出来，说："你是个对足球有深刻见解的人，而且，你很执着，我相信你的未来是一片璀璨的。所以，我愿意与你谈谈这次比赛的细节。"接下来，两个人在书房里谈了2个小时，谈妥了贝克汉姆车队参加Essex越野跑大赛的所有细节。

1个月后，Essex越野跑大赛如期进行，凭着出色的表现，贝克汉姆获得了Essex越野跑大赛的冠军。多年后，贝克汉姆转战足球领域，因为刻苦努力，坚持不懈，他的足球事业同样风生水起，他苦练出来的任意球和长传技术，也成了赛场上屡战屡胜的法宝。每一次去和球迷见面，都有不少球迷问他成功的秘诀，贝克汉姆总是语重心长地说："我想告诉你们的是，这个世界上没有比坚持更厉害的武器了，我要送给你们一句话，同时也是我人生的总结——一次挫折是失败，一百次挫折便是成功。"

认准的事儿，千万别放弃。有了第一次放弃，你的人生就会习惯于知难而退，可是如果你克服过去，你的人生就会习惯于迎风破浪地前进，看着只是一个简单的选择，其实影响非常大，它会使你走向截然不同的人生。

成功从来就不是一蹴而就的事儿，它需要很多的努力、很多的

3. 人生求胜的秘诀，只有那些失败过的人才清楚

付出和很长的坚持。无论是一个企业还是一个行业，无论是一个人还是一件具体的事情，坚持往往是那把可以打开机遇之门的钥匙。关键在于，你要把认为对的东西坚持到最后。

【总结与领悟】

坚持能为一个困境中的人带来希望，智商和魄力并不是唯一决定成败的东西，成功并不遥远，可能就在第100次失败之后，关键是，你是否能够坚持到这个阶段。

上帝只能掌握我们命运的一半

把人生的成败全部归咎于命运，这是可耻的行为。命运，不过是失败者的借口，不过是懦怯者的自我解嘲。人们的前途，更多地还是要靠自己的意志、努力来决定。

一位电台主持人在遭遇了18次辞退后才迎来事业的转机，她的主持风格曾被人贬得一文不值。

最早的时候，她想到美国大陆无线电台工作。但是，电台负责人认为她不能吸引听众，便拒绝了她。

她辗转来到波多黎各，希望这个地方能给自己带来好运气。但

在波多黎各的日子，她最重要的一次采访，只是一家通讯社委托她到多米尼加共和国去采访国内矛盾问题，连差旅费都没有给她报销。在以后的几年里，她不停地换工作，不停地被人辞退，业内一些人士甚至尖锐地指责她根本不懂什么叫主持。

后来，她又来到纽约的一家电台，但是很快被告知，她跟不上这个时代。是的，她又失业了，而且有一年多的时间处于失业状态。

再后来，她向一位国家广播公司的职员推荐自己的节目策划，得到了对方认可，但命运又和她开起了玩笑，那个人不久就离开了广播公司。她再向另一位职员推荐，这位职员声称对此不感兴趣。她找到第三个人，这个人虽然愿意帮助她到这里工作，却不认可她的节目策划，而是让她负责一个与政治相关的主题栏目。她对政治知之甚少，但是她不能继续做"无业游民"了，于是她开始"恶补"政治知识。

那年夏天，她主持的政治栏目开播了，她别出心裁，让听众打进电话讨论国家的政治活动，包括总统人选。这在美国电台史上是绝无仅有的。她几乎是一夜成名，她的节目成为全美最受欢迎的政治专栏。

她就是莎莉·拉斐尔，曾经两度获全美主持人大奖，在美国、加拿大、英国，每天有800万观众守在电视机前等着收看她主持的节目。

在美国传媒界，"莎莉"这个名字意味着一座金矿，无论她来到哪家电视台、电台，都会给他们带来巨大的收益。回首往事，莎莉·拉斐尔说道："在那段时间里，平均每一年半，我就被人辞退1次，有些时候，我认为这辈子完了。但我相信，上帝只掌握了我的一半，我越努力，我手中掌握的这一半就越大，我相信终会有一天，

3. 人生求胜的秘诀，只有那些失败过的人才清楚

我会赢了命运。"

人这一生，不能因为命运捉弄而俯首听命，任凭它的摆布。等年老的时候，回首往事，我们就会发觉，命运只有一半在上天的手里，而另一半则由自己掌握，而我们要做的就是——运用手里所拥有的去获取上天所掌握的。我们的努力越超常，手里掌握的那一半就越庞大，获得的也就越丰硕。

【总结与领悟】

很多人往往都能在事业初期充满奋斗热情，保持旺盛斗志，但往往快到最后一刻的时候，顽强者与软弱者便显示出不同，前者能克服困难坚持到底，后者则丧失信心、放弃努力，于是便有了不同的结局。

"吃一堑"就要"长一智"

成功是在不断的失败和探索中成就的，一个真正的聪明人，善于从失败中汲取经验教训。

明代绍兴名人徐渭有一副对联："读不如行，使废读，将何以行；蹶方长知，然屡蹶，讵云能知。"这副对联，科学地阐述了理论

与实践、失误与经验的辩证关系。上联是说实践出真知，理论指导行动；下联"蹶方长智"，通俗的解释即"吃一堑，长一智"。但如果有人因此而认为"吃一堑"与"长一智"之间存在必然性，那就错了。不是说"吃一堑"就一定能"长一智"，而是"吃一堑"有可能"长一智"。这种可能性要转变为必然性，必须要有一个条件，那就是要从失误中总结教训，积累经验，这样才能长智。如果错后不思量，那么同样的错误还会不断重复出现。这就是"屡蹶，讵云能知"的精辟之处。

美国有一位专门收购破产企业并从中攫取大量利益的人，他的名字叫保罗·道弥尔，他是一位名副其实的"破烂王"。根据美国的法律，一家公司或企业一旦依法宣布破产，给其贷款的银行作为债权人，可以把企业拍卖。道弥尔经常到银行去收买这类破产企业。他每买下一个破产的企业，就会全面分析研究这个企业各方面的情况，扬长避短地制订改造计划，采取强有力的措施，加强管理，而一个个破产的企业就这样在他手上奇迹般地生还了。

"为什么你总喜欢买下一些快要倒闭的企业来经营？"有人这样问道弥尔。

他的回答非常巧妙："别人经营失败了，接过来就容易找到它失败的原因，只要找出造成失败的原因，并把它纠正过来，就会得到转机，也就会重新赚钱。这比自己从头干起要省力得多。"因此，同行企业家们称保罗·道弥尔为企业界"神奇的巫师"。

事实上，各行各业的大师级人物，都是非常注重在错误中汲取教训的。

巴菲特有一次在佛罗里达大学演讲时，一位学生提问："谈谈你投资上的失误吧！"

3. 人生求胜的秘诀，只有那些失败过的人才清楚

巴菲特幽默地回答："你有多少时间？"然后，他给大家列举了不少自己投资失误的案例和自己没有投资、错失机会的案例。

最后，巴菲特幽默地说："当说到从失败中汲取经验时，我笃信：最好还是从别人的失败中来学习吧，越多越好。"

金融大鳄索罗斯也说："我在发现错误中得到了真正的快乐。"这句话是什么意思呢？在《索罗斯谈索罗斯》一书中，他解释说："对于其他人来说，犯错是羞耻的渊薮，而对我来说，意识到我的错误是骄傲的源泉。我们一旦意识到人类在认识事物方面存在缺陷，犯错并不可怕，可怕的是不去改正我们的错误。"

投资大家戴维斯为了从自己犯过的错误中汲取教训，在办公室的墙上专门设了一个错误墙。他将自己犯的错误整理打印出来，裱在框里，挂在墙上，每天上班时都回顾自己的错误。当客户来访时，看到戴维斯犯过这么多错误但又勇于面对，就会认为他在未来犯错的几率越来越小，于是很放心地将资金交给戴维斯打理。

人非圣贤，孰能无过。即使是圣人、贤人，也免不了会在人生的竞技场中露出一些破绽。不过，对于自己所犯下的过错，他们能够接受教训，并且积极地予以改正，这或许正是圣贤与庸人的分别之所在。

【总结与领悟】

如果一个人忘掉了失败的苦涩，而只沉湎于成功的甜美时，那么终有一天他会再次尝到失败的苦果。因为成功会让人产生骄傲自满的情绪，使人松懈，而失败却能够催人不断奋进。回味失败，能够从中汲取经验教训，使自己走向成功。

懂得利用失败，就能从失败中获利

虽说失败是成功之母，但这是有前提的，如果总是"记吃不记打"，那么失败再多次，也只是一次一次摔得头破血流，记不住教训，也不可能成功。只有在摔倒后及时检讨自己失败的原因，从中汲取教训，从而改进自己、指导自己才是正确的人生态度。只有懂得利用失败的人，才能获得最终的成功。

菲尔·耐特和大多数同龄人一样，喜欢运动，并对阿迪达斯、彪马这类运动品牌十分熟悉。耐特一直很喜欢运动，几乎达到了狂热的程度，他高中的论文几乎全都是跟运动有关的，就连大学也选择的是美国田径运动的大本营——俄勒冈大学。

可惜，耐特的运动成绩并不好。他最多只能跑一英里，而且成绩很差，他拼了命才能跑4分13秒，而跑一英里的职业运动员最低录取线为4分钟，就是这多出的13秒决定了他与职业运动员的梦想无缘。

像耐特这样一英里跑不进4分钟的运动员还有很多，尽管他们不甘心被淘汰，但都无法改变这种命运，只得选择了放弃。不过，耐特不想放弃，他认真分析了自己失败的原因之后认为，那次的失败不是他的错，完全是他脚上穿的鞋子的错。

3. 人生求胜的秘诀，只有那些失败过的人才清楚

于是，耐特找到了那些跟他一起被淘汰的运动员，跟他们说了自己的想法。他们也一致表示，鞋子确实有问题。在训练和比赛中，运动员患脚病是经常的事，而且很多年以来，运动员都是穿这种鞋子参加训练和比赛的，很少有人想办法解决鞋子的问题。

虽然运动员是做不成了，但是耐特决定要设计一种底轻、支撑力强、摩擦力小且稳定性好的鞋子。这样，就可以帮助运动员，减少他们脚部的伤痛，让他们跑出更好的成绩来。耐特希望自己的鞋子能够让所有的运动员都充分发挥出自己的潜能，不再因为鞋子的原因而失败。

说干就干，耐特跟自己的教练鲍尔曼合作，精心设计了几幅运动鞋的图样，并请一位补鞋匠协助自己做了几双鞋，免费送给一些运动员使用。没想到，那些穿上他设计的鞋子的运动员，竟然跑出了比以往任何一次都好的成绩。

从此，耐特信心大增，他为这种鞋取了个名字——耐克，并注册了公司。让人意想不到的是，这个平凡的小伙子创造的耐克，后来甚至超过了阿迪达斯在运动领域的支配地位。1976年，耐克公司年销售额仅为2800万美元；1980年却高达5亿美元，一举超过在美国领先多年的阿迪达斯公司；到1990年，耐克年销售额高达30亿美元，把老对手阿迪达斯远远地抛在后面，稳坐美国运动鞋品牌的头把交椅，创造了一个令人难以置信的奇迹。

耐特虽然一辈子无法成为职业运动员，但却让所有运动员不再为脚痛而苦恼，并成功地把耐克做成了一个传奇。当年与耐特一起被淘汰的运动员不计其数，他们跟耐特一样跌倒了，但是爬起来之后，收获却不一样。耐特爬起来之后，走得很高很远，因为他看准了，自己需要注意的不是自己的速度，而是鞋子。正因为耐特跌倒

了能够思考，能够把收获用在以后的日子里，所以他能取得卓越的成就。

失败，可以成为站得更稳的基石，也能成为再一次栽倒的陷阱，如何选择，全在于你面对失败的态度。

跌倒不仅仅是一种不愉快的体验，也可能是成功的开始。只要能理性地分析跌倒的原因，甚至是别人跌倒的教训，从中寻找出带有普遍性的规律和特点，就可以指导我们今后的行动。古今中外，有识之士无不从自己或他人的教训之中寻找良方，避免重复的失误，从而获得成功。教训是自己和他人的前车之鉴，是一笔宝贵的财富。

【总结与领悟】

摔倒了就马上爬起来？既然已经摔倒了，不如就趴在那里休息几分钟，考虑清楚自己下一步该干什么，要不然，站起来后还有比摔倒更郁闷的事情等着你。

4.
每一份漂亮成绩的背后，都少不了一段久历风尘的坚守

撑不住的时候，可以对自己说声"我好累"，但永远不要在心里承认"我不行"。前面的路还很远，你可能会哭，但是一定要走下去，一定不能停步。

生活就像海洋，
意志坚定的人，才能到达彼岸

有人问英国著名登山家马洛里："你为什么要去攀登世界最高峰？"马洛里回答："因为山就在那里。"其实，我们每个人心中都有一座山，只不过，有些人生性怯懦，畏缩不前；有些人信念坚定，即便山高路远，依然一往无前。不为别的，只为登上山顶，品尝一下幸福的滋味。

他成长在一个酒赌暴力家庭，父亲赌输了就拿他和母亲撒气，母亲喝醉了酒又拿他来发泄，他常常是鼻青脸肿的。

高中毕业后，他辍学在街头当起了混混儿，直到20岁那年，有一件偶然的事刺痛了他的心，他省悟：再也不能这样下去了，我一定要成功！

他开始思索规划自己的人生：从政，可能性几乎为零；进大公司，自己没有学历文凭和经验；经商，没有任何的资金……竟没有一个适合他的工作！他便想到了当演员，不要资本，不需名声，虽说当演员也要条件和天赋，但他就是认准了当演员这条路！

于是，他来到好莱坞，找明星、求导演、找制片，寻找一切可能使他成为演员的人，四处哀求："给我一次机会吧。我一定能够成

4. 每一份漂亮成绩的背后，都少不了一段久历风尘的坚守

功！"可他得来的只是一次次的拒绝。

"世上没有做不成的事！我一定要成功！"他依旧坚定不移，一晃两年过去了，他遭受到了1000多次的拒绝，身上的钱也花光了，他便在好莱坞打工，做些粗重的零活以养活自己。

"我真的不是当演员的料吗？难道酒赌世家的孩子只能是酒鬼、赌鬼吗？不行，我一定要成功！"他暗自垂泪，失声痛哭。

"既然直接当不了演员，我能否改变一下方式呢？"他开始重新规划自己的人生道路，开始写起剧本来，两年多的耳濡目染，两年多的求职失败经历，现在的他已经不是过去的他了。

一年之后，剧本写出来了，他又拿着剧本四处遍访导演："让我当男主角吧，我一定行！"

"剧本不错，当男主角，简直是天大的玩笑！"他又遭受了一次次的拒绝。"也许下一次就行！我一定能够成功！"一次次的失望，但希望仍支持着他！"我不知道你能否演好，但你的精神一次次地感动着我。我可以给你一次机会，但我要把你的剧本改成电视连续剧，同时，先只拍一集，就让你当男主角，看看效果再说。如果效果不好，你便从此断绝这个念头！"在他遭遇1300多次拒绝后的一天，一个曾拒绝过他20多次的导演终于给了他一丝希望。

他经过3年多的准备，现在终于可以一展身手了，因此，他丝毫不敢懈怠，全身心地投入。第一集电视连续剧创下了当时全美最高收视纪录，他成功了！

此后，在他所有的电影中，都彰显着他永不低头的个性，他在动作片领域的表现令他成为动作明星的典范，也成为当代美国电影的一个标志性人物。这人就是史泰龙，他开创了动作影星的辉煌业绩，和紧随其后的阿诺·施瓦辛格、布鲁斯·威利斯等动作影星，

把动作影片带进了最繁荣的 20 世纪 80 年代。

一个人若想好好地生存，就需要忍耐与坚持。

有人总将别人的成功归咎于运气。诚然，是有那么一点点运气的因素，但运气这东西并不可靠，你见过哪一个英雄是完全依靠运气成功的？而执着，却能使成功成为必然！执着，就是要我们在确立合理目标以后，无论出现多少变故，无论面对多少艰难险阻，都不为所动，朝着自己的目标坚定不移地走下去。

【总结与领悟】

曾经的失败并不意味着永远的失败，曾经达不到的目标并不意味达永远达不到，你可以有自己的梦想，你可以为自己的人生树立一个目标。

成功往往源于坚持

在日常生活中，一个绝境就是一次挑战、一次机遇，如果你不是被吓倒，而是奋力一搏，也许你会因此而创造出超越自我的奇迹。

多年前，富有创造精神的工程师约翰·罗布林雄心勃勃地意

4. 每一份漂亮成绩的背后，都少不了一段久历风尘的坚守

欲着手建造一座横跨曼哈顿和布鲁克林的桥。然而桥梁专家们却说这个计划纯属天方夜谭，不如趁早放弃。罗布林的儿子华盛顿，是一个很有前途的工程师，也确信这座大桥可以建成。父子俩克服了种种困难，在构思着建桥方案的同时也说服了银行家们投资该项目。

然而桥开工仅几个月，施工现场就发生了灾难性的事故。罗布林在事故中不幸身亡，华盛顿的大脑也严重受伤。许多人都以为这项工程会因此搁浅，因为只有罗布林父子才知道如何把这座大桥建成。

尽管华盛顿丧失了活动和说话的能力，但他的思维还同以前一样敏锐，他决心要把父子俩费了很多心血的大桥建成。一天，他脑中忽然灵光一闪，想出一种用他唯一能动的一个手指和别人交流的方式。他用那只手敲击他妻子的手臂，通过这种"密码方式"，由妻子把他的设计意图转达给仍在建桥的工程师们。整整13年，华盛顿就这样用一根手指指挥工程，直到雄伟壮观的布鲁克林大桥最终落成。

坚持很重要，一个人无论想做成什么事，坚持都是必不可少的，坚持下去，才有成功的可能。说起来，我们坚持一次或许并不难，难的是一如既往地坚持下去，直到最后获得成功。如果我们这样做了，恐怕就没有什么事情能够难倒我们了。当你想要放弃时，不妨想想这个故事，只要愿意坚持，也许成功就在转弯的不远处等着你，如果此刻放弃，我们将永远看不到成功的希望。

开弓没有回头箭，箭镞一旦射出，必然有去无回。人生亦应如此，迈出脚步以后，若发现路上设有障碍，不妨绕过去或是另辟途径，但绝对不能后退回到原点，这是我们做人必须奉行的一种坚

持！所以，别让外在的力量影响你的行动，虽然你必须对压力做出反应，但你同样必须每天以既定方向为基础向前迈进。

【总结与领悟】

人生路上，能否获得成功，往往就在于，当目标确立以后，是不是可以百折不挠地去坚持、去忍耐，直至胜利为止。如果说一个人树立了一个目标，但往往只做一点点，遇到哪怕是一丁点的挫折，就打退堂鼓，那么终其一生也难登上成功的殿堂。

99%成功的欲望不敌1%放弃的念头

成功与失败，也许完全取决于你能否坚持到最后的一刻。

很多人都是在事业初期奋斗热情不减，斗志昂扬，在这一阶段，普通人与成功人士并没有太大的差别。往往是到最后那一刻，顽强者与懈怠者便出现了不同之处：前者克服一切困难一直撑到最后，而后者却被困难击倒，放弃了努力，在中途便停了下来。于是，便产生了不同的结局。

一位年轻人刚刚毕业，便来到海上油田钻井队工作。第一天上班，带班的班长提出这样一个要求：在限定的时间内登上几十米高

4. 每一份漂亮成绩的背后，都少不了一段久历风尘的坚守

的钻井架，然后将一个包装好的漂亮盒子送到最顶层的主管手里。年轻人听后，尽管百思不得其解，但他还是按照要求去做了，他快步登上了高高的狭窄的舷梯，然后气喘吁吁地将盒子交给主管。主管只在上面签下了自己的名字，然后让他送回去。他仍然按照要求去做，快步跑下舷梯，把盒子交给班长，班长和主管一样，同样在上面签下自己的名字，接着再让他送交给主管。

这时，他有些犹豫，但是依然照做了，当他第二次登上顶层把盒子交给主管时，已累得两腿直发抖。可是主管却和上次一样，签下自己的名字之后，让他把盒子再送回去。年轻人把汗水擦干净，转身又向舷梯走去，把盒子送下来，班长签完字，让他再送上去。他实在忍不住了，用愤怒的眼神看着班长平静的脸，但是他尽力装出一副平静的样子，又拿起盒子艰难地往上爬。当他上到最顶层时，衣服都湿透了，他第三次把盒子递给主管，主管傲慢地说：“请你帮我把盒子打开。”他将包装纸撕开，看到盒子里面是一罐咖啡和一罐咖啡伴侣。这时，他再也忍不住了，怒气冲冲地看着主管。主管好像并没有发现他已经生气了，只丢下一句冰冷的话：“现在请你把咖啡冲上！”年轻人终于爆发了，把盒子重重地摔在了地上，然后说了一句：“这份工作，我不干了！”说完，他看看摔在地上的盒子，刚才的怒气一下子都释放了出来。

这时，那位傲慢的主管以最快的速度站起来，直视他说：“年轻人，刚才我们做的这一切，被称为承受极限训练，因为每一个在海上作业的人，随时都有可能遇到危险。不幸的是，你没有坚持到最后，虽然你通过了前三次，可是最后你却因难忍一时之气而功亏一篑。要知道，只差最后一点点，你就可以喝到自己冲的甜咖啡了。现在，你可以走了。”

人生成功的转折点，关键在于能够一直坚持下去。那些毅力不够的人，在困难面前往往选择逃避或半途而废。人生中几乎所有的失败，都是起因于他们自己对于所企望的事情的疑惑，源于他们没有坚持到底，没有再接再厉，没有一直努力下去。就像我们爬山一样，在即将到达顶峰时若不能再使一点力气，那就有可能前功尽弃到不了峰顶，这就是成功与失败的最本质的区别。换言之，成功与失败，就看他能否坚持到底。

所以说不管在什么样的情况下，都不要让自己变得那么懦弱，不要因为暂时的一点挫折，而放弃本应该属于自己的成功，也不要因为自己暂时的失败，而放弃了自己的梦想。一个人贵在有成功的欲望，要相信只要自己不让那1%放弃的思想滋生，那么自己就会拥有100%的成功。

【总结与领悟】

许多失败者的可悲之处在于，被眼前的障碍所吓倒，他们不明白只要坚持一下，排除障碍，就会走出逆境，就会走出属于自己的一片天空，结果在即将走向成功时，被自己打败了，也就失去了胜利的荣誉，从而与成功失之交臂。

4. 每一份漂亮成绩的背后，都少不了一段久历风尘的坚守

再试一次，结果也许就大不一样

有位小伙子爱上了一位美丽的姑娘。他壮着胆子给姑娘写了一封求爱信。没几天姑娘给他回了一封奇怪的信。这封信的封面上署有姑娘的名字，可信封内却空无一物。小伙子感到奇怪：如果是接受，那就明确地说出来；如果不接受，也可以明确地说出来，为什么非要如此呢？

小伙子鼓足信心，日复一日地给姑娘写信，而姑娘照样寄来一封又一封的无字信。小伙子寄出了整整99封信，也收到了99封回信。小伙子拆开前98封回信，全是空信封。对第99封回信，小伙子没有拆开它，他再也不敢抱任何希望。他心灰意冷地把那第99封回信放在一个精致的木匣中，从此不再给姑娘写信。

两年后，小伙子和另外一位姑娘结婚了。新婚不久，妻子在一次清理家什时，偶然翻出了木匣中的那封信，好奇地拆开来看，里面的信纸上写着：已做好了嫁衣，在你的第100封信寄来的时候，我就做你的新娘。

当夜，已为人夫的小伙子爬上摩天大厦的楼顶，手捧着99封回信，望着万家灯火的美丽城市，不觉间已是潸然泪下。

因为屡屡碰壁，便放弃努力，最终与梦想擦肩而过，有多少人

都是这样的？许多时候，真正让梦想遥不可及的并不是没有机遇，而是面对近在眼前的机遇，我们没有去"再试一次"。要知道，常常是最后的一把钥匙打开了门。

在绝望中多坚持一下，往往会带来惊人的喜悦。上帝不会给人不能承受的痛苦，所有的苦都可以忍耐，事实上，一个人只要具备了坚忍的品质，便可以苦中取乐，若懂得苦中取乐，则必然会苦尽甘来。

美国有个年轻人去微软公司求职，而微软公司当时并没有刊登过应聘广告，看到人事经理迷惑不解的表情，年轻人解释说自己碰巧路过这里，就贸然来了。人事经理觉得这事很新鲜，就破例让他试了一次，面试的结果却出乎人事经理意料之外，他原以为，这个年轻人定然是有些本事才敢如此"自负"，所以给了他机会，然而年轻人的表现却非常糟糕，他对人事经理的解释是事先没有做好准备，人事经理认为他不过是找个托词下台阶，就随口应道："等您准备好了再来吧。"

一周以后，年轻人再次走进了微软公司的大门，这次他依然没有成功，但与上一次相比，他的表现已经好很多了。人事经理的回答仍与上次一样："等您准备好了再来吧。"

就这样，这个年轻人先后5次踏进微软公司的大门，最终被公司录取。

做人的道理，就好比堆土为山，只要坚忍下去，总归有成功的一天；否则，眼看还差一筐土就堆成了，可是到了这时，你却歇了下来，再也不去劳作了，也就会功亏一篑，没有任何成果。所以说，只有勤奋上进，不畏艰辛，一往无前，才是向成功靠近的最好途径。

4. 每一份漂亮成绩的背后，都少不了一段久历风尘的坚守

或许我们一路走来荆棘遍布；或许我们的前途山重水复；或许我们一直孤立无助；或许我们高贵的灵魂暂时找不到寄宿……此时，是不是我们就要放弃自己？不！我们为什么不可以拿出勇者的气魄，坚定而自信地对自己说一声："再试一次！"再试一次，结果也许就大不一样。

【总结与领悟】

成功，有时就薄如一张纸，穿过了你自会知道它并没有那么困难，但是，在没有抵达之前，它看上去是那么遥远！在这条通往成功的道路上，如果你没有耐心去等待成功的到来，那么，你只好用一生的耐心去面对失败。

坚持一下，成功就在你脚下

有一位智者欲去普陀寺朝拜，以酬夙愿。

寺院距离他住的地方有千里之遥。一路之上，不仅要跋山涉水，还要时时提防豺狼虎豹的攻击。启程之前，他的徒弟劝他："路途遥远，多有凶险，师父，您还是放弃这个念头吧。"

他肃然道："我与普陀寺只有两步之遥，何谓路途遥远？"

弟子茫然不解。

智者解释道："我先行一步，然后再行一步，也就到达了。"

无论做什么事情，只要你迈出开始的一步，然后再走一步，如此周而复始，就会离心中的目标越来越近。不过，如果你连迈出第一步的勇气都没有，那就不要再幻想能有所成了。

梦想一定是要有的，万一实现了呢？只要你肯努力，什么时候都不晚，只要中途不放弃，取得最后胜利的人可能就是你。只要你还在走，前路的风光就可以属于你；只要你还在走，你就可能成为走在最前面的人；只要你还在走，你就还可能到达你梦寐以求的目的地。

勒格森的旅程源自于一个梦想：他希望自己能像心目中的英雄亚伯拉罕·林肯、布克·T·华盛顿那样，为他自己和自己的种族带来尊严和希望，为全人类服务。不过，要是实现这个目标，他必须去接受最好的教育，他知道那必须要前往美国。

他未曾想过自己毫无分文，也没有任何的办法支付船票。

他未曾想过要上哪所大学，也不知道自己会不会被大学所接受。

他未曾想过这一去便要走 3000 英里之遥，途经上百个部落，要会说 50 多种语言，而他，对此一窍不通。

他什么都未多想，只是带着自己的梦想出发了。在崎岖的非洲大地上，艰难跋涉了整整 5 天，格勒森仅仅行进了 25 英里。食物吃光了，水也所剩无几，他身无分文，要继续完成后面的 2975 英里似乎不可能了。但他知道，回头就是放弃，就是要重归贫穷和无知。他暗暗发誓："不到美国我誓不罢休，除非我死了。"

他大多数时候都幕天席地，他依靠野果和植物维生，艰难的旅途生活使他变得又瘦又弱。

4.每一份漂亮成绩的背后,都少不了一段久历风尘的坚守

一次,他发了高烧,多亏好心人用草药为他治疗,才不致有生命危险,这时的勒格森几欲放弃,他甚至说:"回家也许会比继续这似乎愚蠢的旅途和冒险更好一些。"但他并没有这样做。

两年以后,他走了近1000英里,到达了乌干达首都坎帕拉。此时,他的身体也在磨炼中逐渐强壮起来,他学会了更明智的求生方法。他在坎帕拉待了6个月,一边干点零活,一边在图书馆贪婪地汲取知识的营养。

在图书馆中,他找到一本关于美国大学的指南书,其中一张插图深深地吸引了他。那是群山环绕的"斯卡吉特峡谷学院",他立即给学院写信,述说自己的境况,并向学院申请奖学金。斯卡吉特学院被这个年轻人的决心和毅力感动了,他们接受了他的申请,并向他提供奖学金及一份工作,其酬劳足够支付他上学期间的食宿费用。

勒格森朝着自己的理想迈进了一大步,但更多的困难仍阻挡着他。

要去美国,勒格森必须要办理护照和签证,还需证明他拥有可往返美国的费用。勒格森只好再次拿起笔,给童年时教导过自己的传教士写了封求助信,护照问题解决了,可是格勒森还是缺少领取签证所必须拥有的那笔航班的费用。但他并没有灰心,他继续向开罗行进,他相信困难总有办法解决。他花光了所有积蓄买来一双新鞋,以使自己不至于光着脚走进学院大门。

正所谓"苦心人,天不负",几个月以后,他的事迹在非洲以及华盛顿华盛顿佛农山区传得沸沸扬扬,人们被他这种坚毅的精神感动了,他们给勒格森寄来650美元,用以支付他来美国的费用。那一刻,格勒森疲惫地跪在了地上……

经过两年多的艰苦跋涉，勒格森终于如愿进入了美国的高等学府，仅带着两本书的他骄傲地跨进了学院高耸的大门。

故事到这里还没有结束，毕业后的格勒森并没有停止自己的奋斗。他继续深造，最后成为英国剑桥大学的一名权威的学者。

换作是你，你能做得到吗？从遥远且交通不发达的非洲一路艰辛跋涉、风餐露宿、食不果腹，完全是凭着毅力实现自己的梦想。倘若人人都有这种精神，世界上还有什么事情能够难倒我们？正所谓"性格决定命运"，每个人的性格对成就自己一生的事业都是相当重要的，性格坚强者，会无所畏惧地去做艰难之事；胆怯者只能一步一步避开困难，让自己畏缩在"鸟语花香"之中。

【总结与领悟】

人生的奔跑，不在于瞬间的爆发，而在于途中的坚持。如果成功需要一百步，许多人都是在九十步之后倒下的。九十步之后，每一步都比之前所有的步履更艰难。然而，即使再累，也不要轻易停下脚步，因为我们放弃的，不只是一段路程，更是一个梦想！

4. 每一份漂亮成绩的背后，都少不了一段久历风尘的坚守

磨难，并不是你中断梦想的理由

当你将困难当成一种磨砺，它便不再是心灵的牢狱；当你将坚强融入血液，困难亦是一种动力。苦瓜虽苦，却是一道好菜，生活虽难，却可以激发出人更大的潜力。我们虽然暂时陷入了困顿，但不能丢掉向上的勇气。

困难不是你中断梦想的理由，生活就像一个犁，它既可以割破你的心，又能够掘出你生命的新源泉。面对困难，要学着承受，踩着困难的肩膀，去摘取那金字塔顶上的皇冠。

泰格·伍兹是个名副其实的穷孩子，他成长于洛杉矶的一个贫民区，全家十余口人挤在一所破房子中。偶尔能填饱肚子，对于他们而言就已经是一件很值得高兴的事情了。

伍兹的梦想源于一次电视访谈节目，节目的主角是高尔夫球员尼克劳斯。伍兹的心在那一刻被触动了，他暗下决心：将来一定要成为像尼克劳斯一样伟大的高尔夫球员。

于是，他请求父亲为自己制作一根球杆，并在自家的空地上挖了几个洞，每天都要用捡来的球，在这个简易球场上苦苦练习一番。

他曾向父母保证，将来有了钱，一定要为他们买栋大别墅。

在斯坦福大学就读期间。伍兹受好友之邀，准备利用假期去一艘豪华游轮上做服务生，据说每周有600美元的收入。伍兹真的心动了，每周600美元——这能够帮助家里减轻很大的负担。

也是伍兹幸运，这时，他的中学体育老师奇·费尔曼先生来到了伍兹家——他为伍兹联系了一家高尔夫俱乐部。在得知伍兹准备去做服务生以后，费尔曼沉默片刻，突然问道："孩子，告诉我，你的梦想是什么？"伍兹心头猛地一震，低声道："像尼克劳斯一样，成为一名伟大的高尔夫球员，为父母买一栋大别墅。"

费尔曼高声厉问："你去做服务生，每周赚600美元，这很了不起吗？那你的梦想呢？难道它就值每周600美元吗？"

费尔曼老师的话犹如当头棒喝，令伍兹瞬间惊醒，曾经确立的梦想不断在伍兹脑中闪现，"我要成为像尼克劳斯一样伟大的高尔夫球员……"

那个暑假，伍兹并没有去游轮上工作，他接受了费尔曼老师的好意，在高尔夫俱乐部苦练着球技。

2002年，伍兹成为继尼克劳斯之后，首位连续斩获美国大师赛、美国公开赛大奖的高尔夫球员，他终于实现了自己儿时的梦想。

困难不是拒绝成功的理由，因为困难而不知进取，是最不可原谅的错误，有些人之所以一辈子无所建树，就是因为他们安于现状、不思进取，只计算着眼前的那点利益，却错过了成功的机遇。

成功 = 梦想 + 勤奋 + 追求。困难不是成功的分母，它理应是成

4. 每一份漂亮成绩的背后，都少不了一段久历风尘的坚守

功的分子。一个人最大的财富莫过于出生于贫贱之家，因为极度穷困所激发的雄心来得比较切实而有力，但这显然要看你的态度，如果你将困难当成一种灾难且甘愿臣服，你就永远走不出这个桎梏，假如你能将困难当成一种财富，苦不失志、苦则思变、苦且益坚，那么最起码，你在精神层面上已经先成了一个富翁。

【总结与领悟】

人的一生肯定会有各种各样的压力，于是内心总经受着煎熬，但这才是真实的人生。确实，没有压力就会轻飘飘的，没有压力肯定没有作为。正视压力，坚持往前冲，自己才能成就自己。

含泪坚持的人一定能够有所收获

生命的绽放有时需要去等待。因为人生不会总是一帆风顺、春风得意。在那些不顺利、不如意面前，我们需要的是坚韧的精神，在等待中积聚力量，然后实现灿烂的绽放。

旅行家安东尼奥·雷蒙达前往南美探险，当他历尽艰辛登上海拔4000多米的安第斯高原时，立马被荒凉的草地上一种巨大的草本

植物吸引住了。

　　他马上跑了过去。那植物正在开着花儿，极为壮观，巨大的花穗高达 10 米，像一座座塔般矗立着。每个花穗之上约有上万朵花，空气中流动着浓郁的香气。雷蒙达走遍世界各地，从来没有见过这样的奇花，他满怀惊叹地绕着这些花细细地观赏。他发现，有的花正在凋谢，而花谢之后，植物便枯萎了！这到底是什么植物？

　　正当雷蒙达满心疑惑之时，在脚下松软的枯枝败草中，他踩到了一样东西，拾起一看，是一只封闭的铁罐。他撬开铁罐，从中拿出一张羊皮卷来。他小心地展开羊皮卷，上面写着字，虽然有些模糊，他还是细细地看了下去。这是一篇旅行日记，日期是 70 年前，原来曾经有人到过这里，并关注着这种植物。日记中写道："我被这种植物吸引了，研究许久，不知它们是否会开花儿。经我的判断，它们已经生长了 30 年了……"雷蒙达极为震惊，难道这种植物要生长 100 年才会开花儿吗？

　　雷蒙达回去以后，将这件事告诉了植物学家，植物学家们亲临高原考察，得出结论，这是一个新物种，它们的确是 100 年才开一次花！他们称这种植物为普雅。

　　用 100 年的生命去摇曳一次的美丽，普雅花丰盈了自己的一生，也许并不是为了吸引世人的眼睛。这样的植物，从萌芽到凋零，都是美丽的！在那百年的历程中，有多少风霜？有多少苦寒？这需要怎样的坚韧？怎样的积蓄？可以说，最后那一刻的绽放，不只是惊世之美，更是对坚守生命价值所做出的最圆满的诠释。

　　请想想我们自己，当初立下志向的时候，为的是什么？还不是

4. 每一份漂亮成绩的背后，都少不了一段久历风尘的坚守

为了让自己的生命更有价值，让自己的一生不至于碌碌无为、浑浑噩噩？如果现在你想放弃了，不会感到遗憾吗？的确，坚持做一件事情很辛苦，甚至可能不会得到想要的结果，但放弃了，就意味着你之前所付出的一切努力都要付诸东流，难道不可惜吗？坚持的过程虽然辛苦，但对于人生的意义已经超越了事情本身。

一位登山爱好者决定挑战自己所能承受的极限，他从尼泊尔首都加德满都出发，顺着中尼公路向前行进，最终翻越了喜马拉雅山。

这次挑战用时46天，登山爱好者共计徒步行走1099千米，其艰辛与困难程度，简直无法用笔墨和语言来形容。

对于这段艰苦的经历，登山爱好者这样说道："在这个过程中，我的痛苦不仅仅是生理上的，它最多的其实是心理上的障碍。"

事实上，很多登山爱好者应该都有过类似体验。在登山的过程中，我们每天真正担心的并不是山有多高、山路有多么陡峭险峻，而是最基本的生活问题。譬如，哪里才是下一站？哪里才能休息？前面的路上还有哪些无法预知的危险，等等。

这位登山爱好者回忆当时的情景，他说："那时我一直不断重复着一个念头——'我还能活着出去吗？'虽然心中忐忑不安，但我从未停止向下一个目标前进的脚步。因为在那种环境下，你一旦懈怠，不能在预计的时间内到达目标地点，说不准就会发生什么，所以我不断地给自己鼓劲——'无论如何都要坚持下去，你一定行的！'"

坚持到最后的结果就是，登山爱好者惊喜地发现，自己已经在不知不觉中突破了极限！

破茧成蝶，是撕掉一层皮的痛苦，过程的历练能让人铭心刻骨。

没有人可以代你成长，一切只是一个人的坚持，痛过之后方有惊现的美丽，坚持过后才有灿烂的绽放。面对人生中的痛苦，我们若能像普雅花一样，用不移的坚守体现生命的价值，那么就可以期望在事业上有所建树。

【总结与领悟】

成功的花，人们只惊慕她现时的明艳！可是当初它的芽儿，浸透了奋斗的泪泉，洒遍了拼搏的汗水。然而，含泪坚持的人一定能够有所收获。

5.
别人看不起你，
很不幸，你看不起自己，更不幸

不管你如何尽心尽力，都有可能不被欣赏，总有人认为你不够好，关键的是，你认为自己够不够好？一个人的成败取决于他是否自信，假如这个人是自卑的，那自卑就会扼杀他的聪明才智，消磨他的意志。

你原本就很好，别让自卑感中伤了你的生活

谁都曾有过自卑的念头，但千万不要让这种危险的念头主宰了你，你要相信，你原本就是一个很美好的存在，不需要太多理由，只因为你的独一无二。

一个小女孩儿，从小家里就很穷，所以她一直因为自卑封闭着自己的心，觉得自己事事不如别人，她不敢跟别人说话，不敢正视别人的眼睛，生怕被别人嘲笑她的丑陋。直到有一年春节，妈妈给了她5块钱，允许她到街上去买一样自己喜欢的东西。她走出了家门，来到了街市上。看着街市上那些穿着入时的姑娘，她心里真的很羡慕。忽然她看到了一个英俊潇洒的小伙子，不由地心动了，可是转念一想，自己是如此的平凡，他怎能看上自己呢？于是她一路沿着街边走，生怕别人会看到她。

这时候，她不由自主地走到了一个卖头花的店面前，老板很热情地招待了她，并拿出各种各样的头花供她挑选。这时候，老板拿出了一朵蓝底金边的头花戴在了女孩儿的头上，并把镜子递给她说："看看吧，戴上它，你现在美极了，你应该是天底下最配得上这朵花的人。"小女孩儿站在镜子前，看着镜子前那美丽的自己，真的有说不出的高

5. 别人看不起你，很不幸，你看不起自己，更不幸

兴，她把手里的 5 块钱塞进了老板的手里，高高兴兴地走出了商店。

女孩儿这个时候心里非常高兴，她想向所有人展示自己头上那朵美丽的头花，果然，这时候很多人的目光都集中在了她的身上，还纷纷议论："哪里来的女孩儿这么漂亮？"刚刚让她心动的男孩儿，也走上前对她说："能和你做个朋友吗？"这时候的女孩儿异常兴奋，她轻轻捋了一下自己的头发，却发现那朵蓝色的头花并不在自己的头上，原来她在奔跑中把它搞丢了。

生活当中有很多事都是这样的，我们盲目地自卑，乃至封闭自己，认为自己一无是处，认为自己很多事情都拿不出手，但是如果有一天你真的打开了封闭已久的那扇心门，遵从自己的内心，听取自己心灵的声音，就会发现，原来你还有那么多连自己都没有意识到的优秀特质。它一直都在我们身上，只不过我们因为封闭自己太久而没有将它很好地利用

别让自卑再伤害你的幸福。试着和你认为比自己强的人接近，你会发现自己也不差；试着做你不敢做的事，你会发现原来自己也很优秀；试着用一种开朗的方法来改变自己的生活，你会发觉以前的自己是那么傻。

【总结与领悟】

你要相信自己本来就是一个美好的存在，这个美好的自己不会受任何外界、物质环境的影响。而最贴近这个美好本质的就是成为你自己，做你喜欢做的事，和自己喜欢的人相处，真实、真诚地表达自己内心的想法。

没有卑微的命，只有卑微的心

当我们还是小孩子的时候，我们需要受到外界对我们的回应和认同，同时，父母、师长也会无意识地将自己的期待强加在我们身上，久而久之，乃至成了我们对自己的期待。当这种期待与现实不能重合的时候，我们对自己产生了怀疑，我们开始无意识地艳羡和忌妒那些实现外界期望、得到外界认同的人。而此时此刻，我们距离那个真实的、自爱的本我已经咫尺天涯。

湖南有一位大学生，毕业后被分配到一个偏远山区任教。看着昔日的同窗有的进了京，有的被分配到大企业，有的在商海里掘金……他梦想的象牙塔坍塌了，好似从天堂掉进了地狱，自卑和不平衡感油然而生，从此他不愿与同学或朋友见面，不参加公开的社交活动，为了改变自己的现实处境，他寄希望于报考研究生，并将此看作自己唯一的出路。

但是，强烈的自卑与自尊交织的心理让他无法平静，在路上或商店偶然遇到一个同学，都会好几天无法安心，他痛苦极了。为了考试，为了将来，他逼自己端起书本，却又因极度的厌倦而毫无成效。

据他自己说："一看到书就头疼。一个英语单词记不住两分钟。

5. 别人看不起你，很不幸，你看不起自己，更不幸

读完一篇文章，头脑仍是一片空白。最后连一些学过的常识也记不住了。我的智力已经不行了，这可恶的环境让我无法安心，我恨我自己，我恨每一个人。"几次失败以后他停止了努力，荒废了学业，当年的同学再遇到他，他已经因酗酒过度而变得极度颓废了，他彻底崩溃了。

以他人为镜来认识自己，会影响自己对自己的认识，导致自我评价出现偏差。尤其性格较内向的人，多愿意接受别人的低估评价而不愿接受别人的高估评价，在与他人比较的过程中，也多半喜欢拿自己的短处与他人的长处比，于是，越比越觉得自己不如人，越比越泄气，越比就越自卑。严重的自卑和自我压抑甚至会令人轻生，这种惨痛的结局实在令人唏嘘。

某大公司招聘职员，有一位刚毕业的应聘者面试后，等待录用通知时一直惴惴不安。等了好久，该公司的信函才寄到了他手里，然而打开后却是未被录用的通知。这个消息简直让他无法承受，他对自己的能力失去了信心，觉得再试其他公司也会一败涂地，于是服药自尽。

幸运的是，他并没有死，刚刚抢救过来，又收到该公司的一封致歉信和录用通知，原来电脑出了点差错，他是榜上有名的。这让他十分惊喜，急忙赶到公司报到。

公司主管见到他的第一句话却是：

"你被辞退了。"

"为什么？我明明拿着录用通知。"

"是的，可是我们刚刚得知你因为收到未被录用的通知而自杀的事，我们公司不需要连一点挫折、打击都受不了的人，即使你再有

能力,我们也不打算录用你。因为公司今后可能会出现危机,我们需要员工能不畏艰难地与公司共存亡,如果员工自己都无法克服自卑和恐惧心理,怎么能让公司也转危为安?"

自卑的心态就像一条啃啮心灵的毒蛇,不仅吞噬心灵的新鲜血液,让人失去生存的勇气,还在其中注入厌世和绝望的毒液,最后让健康的肌体失去活力。

自卑心理所造成的最大问题是不论你有多成功,或是不论你有多能干,你总是想证明自己是不是真的如此多才多艺。换句话说,许多人都倾向于为自己设定一个形象,而不肯承认真正的自我是什么样的。因为他们的想法总是倾向于自我认定。举个例子来说,如果你一直担心自己瘦不下来,每次在量腰围时你就会嘀咕一下,而完全忘了你的身体正处在最佳的健康状态。

你总是把自己认为的劣势时时刻刻放在脑子里,提醒自己还存在不足,并把这些不足和他人的优势相比较。因而,越比越觉得己不如人,越比越觉得无地自容,从而忽略了自己的优势,打击了自信心。事实上,"金无足赤,人无完人"。在你的眼里比较优越的人并不一定占优势。相反,在他人的眼里可能你比他更优秀。

【总结与领悟】

自卑虽然只是一种情绪,但它却具有极大的破坏力,一旦我们染上它并主动放弃我们的努力,它就会像指挥木偶一样操纵着我们,使我们生活在痛苦中。一切盲目的挣扎与哀鸣都不会将它驱除,也不会使它感动,它将一步步蚕食我们的自信。

就算别人看不起你，你也不能看不起自己

也许此时的你只是一株稚嫩的幼苗，然而只要坚忍不拔，终会成为参天大树；也许此时你只是一条涓涓小溪，然而只要锲而不舍，终会拥抱大海；也许此时你只是一只雏鹰，然而只要心存高远，终会翱翔蓝天。你得明白，那些真正有品位的人不会因为你此时的羸弱而看不起你，除非你放弃了强大的毅力，给了他们不得不轻视你的理由。

当他还是个少年时，就有些自卑，他长得又瘦又小，其貌不扬，而且他的家庭让很多同学看不起，父亲是卖水果的，母亲是学校边上的"餐车娘"。而他的同学，那些孩子大部分都是富家子弟，他是一个例外，他的父亲没有受过教育，却深知没有知识的痛苦，于是狠下心花了大部分积蓄将他送入这个贵族学校。

从第一天踏入这个学校开始，他就受到了歧视，他穿的衣服是最不好的，别的孩子全穿名牌，一个书包、一只铅笔盒甚至都要几百块，有人笑话他的破书包，他曾经哭过，可他没告诉父母，因为怕父母伤心难过，因为这个书包还是妈妈狠下心花了不少钱给他买的。

对他最好的就是李老师了，李老师总是鼓励他，总是笑眯眯地看着他，李老师长得又端庄又漂亮，好多孩子都喜欢她。

那一年圣诞节，除了他，所有孩子都给老师买了平安果，都是在那个最大的超市买的。但他买不起，一个平安果便宜的要十块，贵的要几十块，他没有钱，他也不想向父母要钱，于是他煮了家里的一个鸡蛋送给了李老师。

当他把这个鸡蛋拿出来时，所有人都笑了，他心里五味陈杂，他更怕老师也会笑话他。

但想不到李老师不但没有笑话他，而且当着全班同学的面说："同学们，这是我收到的最好的礼物，这说明这个同学很有创意，其实不必给老师买什么平安果，有这份心意老师就很感动了。"

接下来，李老师还给他们讲了一个故事：

从前，一个小女孩，她的家很穷，她是个穷孩子，有一天，母亲带着她去给校长送礼，为的是让孩子转到这个中心小学来，母亲把家里的唯一的一只老母鸡送给了校长，但当她们说明来意时，那校长却说："谁要这东西？我们早吃腻了老母鸡。"

那句话深深地刺伤了小女孩和她的母亲。她们没有去中心小学，小女孩还在她们村子里上学，但她明白了自己应该发奋努力，年年考第一，最后，她以全乡第一的成绩考上了县重点中学，后来，她又考上北京师范大学，现在在一所高级中学里教书。

孩子们听完都很感动，李老师说："那个女孩子就是我。"

他听完，眼里已经有了眼泪，他总以为自己是穷人家的孩子，谁都会歧视，根本没有尊严可言，但老师的言传身教给了他极大的鼓励。从这以后他认定：每个人都是有尊严的，无论贫穷还是富有。

所以，他发奋努力，如今，他已经在国内一所知名学府任教。

一个人就算被毁灭，也不应该被打败。也许并非每个人都能成为人生的赢家，但是面对人生中的失意，你无论如何也要从容地、有尊严地活下去，即使默默无闻也好，就算平平凡凡也罢。

【总结与领悟】

无论是自卑还是自信，这些都源于你对自己的认知，和对周围世界的感知。要勇于倾听自己的内心，不要因为外面的世界而乱了方寸。事实上，任何打击都不应该成为你堕落的借口，你改变不了这个世界，但你却可以改变自己，其实谁都可以活得很漂亮。

自我定位，决定着你的人生光景

一个人，就算再年轻、再没有经验，只要肯把全部精力集中到一个点上，多少都会有所成就；一个人，即使很聪明、很有天赋，但如果无所事事，最终也就只能平庸一生。再难的事，只要心中有那么一股志气，且能够专心致志，就能做成。但如果心思散乱、胸无大志，哪怕只是不起眼的成绩，做起来也会比登天还难。人生最关键的那么几年，你给自己的定位能让你有奋斗的目标，定位能够改变人的一生。

有一位双腿残疾的青年人在长途汽车站卖茶叶蛋。由于他表情呆滞、衣衫褴褛，过往的旅客都错将他当成了乞丐，一上午过去，茶鸡蛋没卖出几个，脚下却堆起了不少零钱。

那天，有一位西装革履的商人打此经过，与众人一样，他随手丢下一枚硬币，然后向候车室方向走去。但没走上几步，商人突然停住，继而转身来到残疾青年面前，拣了两个茶叶蛋并连连道歉："对不起，对不起，我误把您当成了乞丐，但其实您是一个生意人。"

望着商人逐渐远去的背影，残疾青年若有所思。

3年以后，那个商人再次经过这个车站，由于腹中饥饿，便走进附近一家饭馆，要了一碗云吞面。付账时，店主突然说道："先生，这碗面我请你。"

"为什么？"商人大感不解。

"您不记得了？我就是3年前卖给您茶叶蛋的'生意人'。"他有意加重了"生意人"三个字的发音。

"在没遇到您之前，我也把自己当成乞丐，是您点醒了我，让我意识到自己原来是个生意人。您看，我现在成了名副其实的生意人。"

其实每个人都拥有惊人的潜力，就看我们是否愿意将其唤醒。事实是，如果你将自己看得一文不值，那你或许就只能做个乞丐；你若是够把自己看作是"生意人"，你就一定可以成为"生意人"。如果我们能够将"自卑"、"自毁"从自己的字典中挖出去，我们的

5. 别人看不起你，很不幸，你看不起自己，更不幸

潜能就一定会被激发出来。但更重要的是，我们要善于发现自己，而不是等着别人来发现。

然而，总有这样一些人，他们也许是受了"宿命论"的影响，任何事都指着天来安排；也可能是因为本性懦弱，他们总是希望别人来帮助自己站起来；或是因为责任心太差，该做的事情不做，没有丝毫的担当……总之，他们给自己的定位实在太低，所以遇事不敢为人之先，一直被一种消极心态所支配。

毫无疑问，那些错误的、过时的定位是隐藏在我们心中的毒药，荼毒着我们原本积极进取的心灵，导致我们离梦想中的生活越来越远，所以必须及时更新自己的定位，改变那些庸俗的想法，这实在是当务之急。

【总结与领悟】

想要改变人生，先要改变心态。只要心态是正确的，世界就会是光明的。事实上，我们与成功者之间本身并无太大差别，真正的区别就在于心态：前者的心中一直想着驾驭生命，我们也要驾驭自己的生命。

物质缺乏不可怕，可怕的是心灵贫瘠

很多人常为了自己的贫穷而自卑，没有漂亮的衣服，没有气派的房子……其实物质上的贫瘠是次要的，如果你的心灵贫瘠，那才真正的可怕。

"我出生在贫困的家庭里，"美国副总统亨利·威尔逊这样说道，"当我还在摇篮里牙牙学语时，贫穷就露出了它狰狞的面孔。我深深地体会到，当我向母亲要一片面包而她手中什么也没有时是什么滋味。我承认我家确实穷，但我不甘心。我一定要改变这种情况，我不会像父母那样生活，这个念头无时无刻不缠绕在我心头。可以说，我一生所有的成就都要归结于我这颗不甘贫穷的心。我要到外面的世界去。在10岁那年我离开了家，当了11年的学徒工，每年可以接受一个月的学校教育。最后，在11年的艰辛工作之后，我得到了一头牛和六只绵羊作为报酬。我把它们换成了美元。从出生到21岁那年为止，我从来没有在娱乐上花过钱，每一美分都是经过精心计算的去花的。我完全知道拖着疲惫的脚步在漫无尽头的盘山路上行走是什么样的痛苦感觉，我不得不请求我的同伴们丢下我先走……在我21岁生日之后的第一个月，我带着一队人马进入了人迹罕至的

5. 别人看不起你，很不幸，你看不起自己，更不幸

大森林里，去采伐那里的大圆木。每天，我都是在天际的第一抹曙光出现之前起床，然后就一直辛勤地工作到天黑后星星探出头来为止。在夜以继日地辛劳努力一个月之后，我获得了六美元的报酬，当时在我看来这可真是一个大数目啊！每个美元在我眼里都跟今天晚上那又大又圆、银光四溢的月亮一样。"

在这样的穷途困境中，威尔逊先生下定决心，一定要改变境况，绝不接受贫穷。一切都在变，只有他那颗渴望改变贫穷的心没变。他不让任何一个发展自我、提升自我的机会溜走。很少有人能像他一样理解闲暇时光的价值。他像对待黄金一样紧紧地抓住零星的时间，不让一分一秒无所作为地从指缝间溜走。

21岁之前，他已经设法读了1000本好书，对一个农场里的孩子来说这是非常难得的！离开农场以后，他徒步到100里之外的马萨诸塞州的内笛克去学习皮匠手艺。他风尘仆仆地经过了波士顿，在那里可以看见邦克、希尔纪念碑和其他历史名胜。整个旅行只花了他一美元六美分。一年之后，他已经在内笛克的一个辩论俱乐部脱颖而出，成为其中的佼佼者了。后来，他在马萨诸塞州的议会上发表了著名的反奴隶制度的演说，此时，他来到这里还不足8年。12年之后，他与著名的社会活动家查尔斯萨姆纳平起平坐，进入了国会。后来，威尔逊又竞选副总统，终于如愿以偿。

威尔逊生于贫困之家，然而他又是富有的。他唯一的、最大的财富就是他那颗不甘贫穷的心，是这颗心把他推上了议员和副总统的显赫位置，在这颗不竭心灵的照耀下，他一步步地登上了成功之巅。

物质贫瘠对整个人类来说，它只是一个动态的、不断被改变着的过程。但具体到某一个人的身上，则可能是一种结果，因为他可

能安心地生活在贫瘠之中，不思进取。

从前，有一家人生活并不富裕，他们在经过了几年的省吃俭用之后，积攒够了购买去往澳大利亚的下等舱船票的钱，他们打算到富足的澳大利亚去谋求发财的机会！

为了节省开支，妻子在上船之前准备了许多干粮，因为船要在海上航行十几天才能到达目的地．孩子们看到船上豪华餐厅的美食都忍不住向父母哀求，希望能够吃上一点，哪怕是残羹冷饭也行。可是父母不希望被那些用餐的人看不起，就守住自己所在的下等舱门口，不让孩子们出去。于是，孩子们就只能和父母一样在整个旅途中都吃自己带的干粮。其实父母和孩子一样渴望吃到美食，不过他们一想到自己空空的口袋就打消了这个念头。

旅途还有两天就要结束了，可是这家人带的干粮已经吃光了。实在被逼无奈，父亲只好去求服务员赏给他们一家人一些剩饭。听到父亲的哀求，服务员吃惊地说："为什么你们不到餐厅去用餐呢？"父亲回答说："我们根本没有钱。"

"可是只要是船上客人，都可以免费享用餐厅的所有食物呀！"听了服务员的回答，父亲大吃一惊，几乎要跳起来了。

如果说，他们肯在上船时问一问，也就不必一路上如此狼狈了。那么为何他们不去问问船上的就餐情况呢？显而易见，他们没有勇气，因为他们的脑子早就为自己设了一个限——我们很穷，没钱去豪华餐厅享用美食，于是他们错过了本应属于自己的待遇。

在生活中，因为没有勇气尝试而错失良机的事情又何止这些？！也许就算尝试了，也不一定就会成功，但连尝试的勇气都没有，就只能一如既往地落魄和平庸。

5. 别人看不起你，很不幸，你看不起自己，更不幸

今天的你可能还挣不到很多钱，你抱怨上天不给你成功的机会，感慨命运一直在捉弄你，其实机会可能就在你身边，只是因为你为自己设了限，你觉得自己没有挣大钱的本事，于是你把机会自动放弃了，而机会一旦溜走，就很难再重新拥有。

【总结与领悟】

其实物质的贫瘠本身并不可怕，可怕的是心灵上的贫瘠，以及认为自己注定平庸的心态，并将"生于卑微，死于贫贱"的错误观念记在心上。

永远不要看低自己

走过的路告诉我们，如果你想要很认真地活着，但别人不看重你，这个时候你一定要看重你自己；如果你希望得到更多的关注，但别人不在乎你，这个时候你一定要在乎你自己。你自己看重自己，自己在乎自己，最后，别人才会看重和在乎你。

你最不能犯的错误，就是看低自己，其实每一个独立存在的个体，都有着别人无可替代的特点与能力。当别人的评价让你感到无

所适从时，没关系，只要你知道自己是一个独特的存在，那么就不必再为俗人的眼光而感到苦恼。对于别人的击打，你可以做出两种反应：要么被击垮，躲在角落里哭泣，按着他们想看到的样子沉沦下去；要么选择无视，就做最真实、最好的你自己，坚持到底。结果是，前者会泯然众人，而后者往往会有不俗的成就。

他在北京求学时，为了生存不得不去卖报，每天他不论刮风下雨，都会出去卖报，而他卖报所得的钱全部用来买国外有关物理方面的杂志，只剩下买馒头、榨菜的钱。生活上的苦和人们异样的眼光他从没有怕过，但他经常要去听一些学术报告，每次头发乱蓬蓬、戴着一副700度的近视眼镜、只穿一双旧黄球鞋、不穿袜子的他成了门卫拦截的对象。

所有的苦，所有曾被人看不起的辛酸与那张波士顿大学博士研究生录取通知书相比，都是微不足道的。他就是留美博士张启东，他终于可以抬起头对所有看不起他的人说："你们看错了！"

她出生在北京一户普通人家，初中毕业以后，曾在北京的一家医院做过一段时间护士。随后，一场大病几乎令她丧失了活下去的勇气。然而，大病初愈的她却突然感悟到：绝不能继续这样浪费自己的青春了。于是，通过自学考试，她取得了英语专科文凭，并通过外企服务公司顺利进入IBM，从事办公勤务工作。

其实，这份工作说好听一些叫"办公勤务"，说得直白一些，就是"打杂的"。这是一个处在最底层的卑微角色，端茶倒水、打扫卫生等一切杂物，都是她的工作。一次，她推着满满一车办公用品回到公司，在楼下却被保安以检查外企工作证为由，拦在了门外，像她这种身份的员工，根本就没有证件可言，于是二人就这样在楼下

5. 别人看不起你，很不幸，你看不起自己，更不幸

僵持着，面对大楼进出行人异样的眼光，她恨不得找个地缝钻进去。

然而，即使环境如此艰难，她依然坚持着，她暗暗发誓："终有一天我要出人头地，绝不会再让人拦在任何门外！"

自此，她每天利用大量时间为自己充电。一年以后，她争取到了公司内部培训的机会，由"办公勤务"转为销售代表。不断的努力，令她的业绩不断飙升，她从销售员一路攀升，先后成为 IBM 华南分公司总经理、IBM 中国销售渠道总经理、微软大中华区总经理，成了中国职业经理人中的一面旗帜。

她创下了国内职业经理人的几个第一：第一个成为跨国信息产业公司中国区总经理的内地人；第一个也是唯一一个坐上如此高位上的女性；第一个也是唯一一个只有初中文凭和成人高考英语大专文凭的跨国公司中国区总经理。在中国经理人中，她被尊为"打工皇后"。没错，她就是吴士宏。

人生，有无数种开始的可能，同样也有无数种可能的结果，今天的强者，曾经也许也是个弱者，由弱到强的转变，靠的就是心中始终憋着的那股气——那股不愿随波逐流的人生志气。而积聚起这股气的关键就在于，他们自始至终没有低看过自己。

【总结与领悟】

世界上大多数不能走出生存困境的人，都是由于对自己信心不足，他们就像一棵脆弱的小草一样，毫无信心去经历风雨。如果你不想被别人看低，就永远不要看低自己，一个人无论生存的环境多么艰难，有一颗自强自信的心是最重要的。

这个世界上，你最该欣赏的是自己

你用什么样的方式看待自己，就会得到什么样的自我评价。当你认为自己全身上下都是问题时，你的眼里就只会有问题，那么，你将看不到自己的优点。当然，你也不要觉得自己什么都好，假如你总觉得自己比任何人都强，你只会在自己身上找让自己满意的地方，你会看不到自己的缺点，这就进入了另一种极端，这也不是什么好事。

美国科研人员进行过一项有趣的心理学实验，名曰"伤痕实验"。

他们向参与其中的志愿者宣称，该实验旨在观察人们对身体有缺陷的陌生人作何反应，尤其是面部有伤痕的人。

每位志愿者都被安排在没有镜子的小房间里，由好莱坞的专业化妆师在其左脸做出一道血肉模糊、触目惊心的伤痕。志愿者被允许用一面小镜子照照化妆的效果后，镜子就被拿走了。

关键的是最后一步，化妆师表示需要在伤痕表面再涂一层粉末，以防止它被不小心擦掉。实际上，化妆师用纸巾偷偷抹掉了化妆的痕迹。

对此毫不知情的志愿者，被派往各医院的候诊室，他们的任务

5. 别人看不起你，很不幸，你看不起自己，更不幸

就是观察人们对其面部伤痕的反应。

规定的时间到了，返回的志愿者竟无一例外地叙述了相同的感受——人们对他们比以往粗鲁无理、不友好，而且总是盯着他们的脸看！

可实际上，他们的脸上与往常并无二致，什么也没有不同。他们之所以得出那样的结论，看来是错误的自我认知影响了他们的判断。

这真是一个发人深省的实验。原来，一个人内心怎样看待自己，在外界就能感受到怎样的眼光。同时，这个实验也从一个侧面验证了一句西方格言："别人是以你看待自己的方式看待你的。"不是吗？其实很多时候，导致我们人生糟糕的关键，就是我们的自我评价系统出现了问题，因为无法正确看待自己，我们把自己人生的高度设置的越来越低。

所以，无论如何别把自己看得太低，或许你才是大众的焦点。你没有必要太在乎别人的看法，因为你永远是你，没有人能够取代你。

真的，不要把自己看得太低，你才是生命力的擎天柱，你更要为家人撑起一片天，你要将自己托起，托到一个足够高的位置。我们要学会用欣赏的眼光看自己，如此才能消除自卑，树立自信。才能给生命带来机遇和色彩。

【总结与领悟】

世界并没有我们想象的那么差。我们最不需要在乎的就是别人看我们的目光，但我们必须在乎的是看待自己的方式。你的心若凋

零，他人自轻视；你的心若绽放，他人自赞叹。人言不足畏，最怕妄自菲薄，当我们以自信的态度看待自己，那么在别人的眼里，当下的你就是最美的。

只看我所拥有的，不看我所没有的

其实人生的阴影不在我们的身上，而在我们的心里。一个人即使享受的阳光再多，如果他只看到阳光背后的阴影，那么他的世界也不过是一片黑暗。如果把自己翻转过来看，感受就会大不一样。你或许脑子不如人家聪明，但你的工作业绩不错；你尽管没有什么特别的专长，但你是联谊会上不错的舞者；你或许没有漂亮的外表，但你气质优雅，善解人意，温柔体贴，高端大气——你并不比任何一个人缺少魅力……如此一来，一个工作上进、社交融洽、气质不俗的形象就出现了。那么，这样优秀的一个人，难道不也是别人羡慕的对象吗？

人，如果能看见自己身上的闪光点，心里就会充满阳光，就不会盲目地看低自己。

有一个女孩，她是牧师的女儿，但上帝并未因此特别照顾她，她天生就是一位脑性麻痹患者，丧失了正常活动的能力，而且无法言语。然而，她却凭借惊人的毅力，在美国拿到了艺术学博士学位，并且积极参加公益活动，现身说法，帮助他人。有一次，她应邀到一个活动中演"写"（不能讲话的她只能以笔代口）。在提问环节，一个小孩子当众小声问道："你从小就长成这个样子，请问你怎么看自己？你难道没有怨恨吗？"

这令在场人士无不捏了一把冷汗，他们担心问题会刺伤她的心。接下来，她回过头，用粉笔在黑板上吃力地写下了"我怎么看自己"这几个大字。

有那么几秒钟，室内鸦雀无声，没有人敢讲话，气氛似乎有点压抑。她似乎感觉到了，于是回头笑了笑，又转过身去继续写着：

一、我很可爱！

二、我的腿很长，很美！

三、爸爸妈妈这么爱我！

四、上帝这么爱我！

五、我会画画！我会写稿！

六、我有只可爱的猫！

七、还有……

她又回过头来静静地看着大家，再回过头去，在黑板上写下了她的结论："我只看我所拥有的，不看我所没有的。"

又是几秒钟的沉寂，陡然间掌声如雷鸣般响起。那天，许多人因为她的乐观与坚强而得到激励。这个乐观的脑性麻痹患者是谁？她就是美国南加州大学艺术博士，在中国台湾开过多次画展的黄美廉女士。

"只看我所拥有的，不看我所没有的。"——多么洒脱的一句话，或许有时我们所缺少的恰恰就是这种"阿Q精神"。当然，这也不是说我们要对自己的缺点和短处视而不见，而是去改变那些我们能够改变的，接受那些我们不能改变的，即坦然地接受自己。因为我们每个人都是世界上独一无二的个体，我们的身体外貌正是我们的特质，我们的言行举止都有我们的个性，我们没有理由不欣赏自己、不喜欢自己、不激励自己，因为这个世界上不会有第二个我。

是的，坦然地接受自己，阳光在照耀到我们身上的时候，既给了我们光明，也给了我们阴影，不要不见阳光，只看阴影。就像半杯水放到你的面前时，你不要说"真糟糕，只有半杯水"，我们应该庆幸"还有半杯水呢"。

【总结与领悟】

自卑与自信不过是对同一个我的不同评价而已，你选择自卑便有自卑的理由，你选择自信更有自信的理由，不过一旦选择了，前者将永远生活在痛苦与哀叹之中，而后者却能在阳光中享受那种欣赏自己的美好感觉。

5. 别人看不起你，很不幸，你看不起自己，更不幸

无论命运多么残酷，
相信自己，你能创造奇迹

所有的成功，最初都是由一个小小的信念开始。有了足够强大的自信，才能营造出足够炫目的奇迹。你内心里想成为什么样的人，那首先就要相信自己能够成为这样的人。其实，每个人原本都很渺小，唯一能够使我们变得强大的力量就是自信，没有自信，所有的理想都是夸夸其谈。所以每个人都不要看低自己，即使你现在真的很不起眼，但只要信心没丢，就能改变这一切，在这个世界上，沧海都能变成桑田，那还有什么不能改变的呢？

王江民出生在山东烟台一个普通家庭，3岁时就感染了小儿麻痹症，病愈后落下一条病腿，从王江民记事时起，他的腿就"已经完了"，他只知道自己下不了楼，一下楼，就从楼上滚到了一层楼梯口。这以后，他再也不能和小伙伴们一起奔跑、跳跃了。这时的王江民只能每天守在窗口，看大街上熙熙攘攘的人群。在那以后很长的一段时间里，王江民都很自卑，他觉得自己就是社会的弃儿。因为身有残疾，上学时他经常被人欺负，还曾因为躲闪不及，那条不方便的腿又被人骑自行车压断过一次。那时候，他的心里是那样

压抑。

但是后来，通过读书，他对人生有了新的认识，高尔基的一句名言"人都是在不断地反抗自己周围的环境中成长起来的"唤醒了他。他认为自己完全可以适应社会、适应环境，完全可以征服人生道路上的坎坷与磨难，当然，这首先要从战胜自己开始，可是他走出的人生第一步却异常地沉重。

当时，在他家乡，自行车是唯一的出行交通工具，这样才能走得更快、更远，会骑自行车也是成功的标志，于是王江民把自己的第一步，就确定为要像正常人一样学会骑自行车。可是他的腿不方便，没劲，站不稳，站、走都需要支撑物，更何况是骑车，所以他经常连车带人一起重重地摔到地上。可以说，他学骑自行车就是在不断摔倒中学会的。他甚至经常被摔得眼冒金星，趴在地上半天起不来，可是这并没有把他吓怕。

好不容易自行车能够骑着走了，可是下车又成了问题。因为他不会上车，而下车脚又站不稳，有一次他忘了刹车，车速极快，他的身体下了车却忘记了放手，倒地的自行车就拖着他在地上走，那次他半边身子都被水泥地擦破了，鲜血直流。有人说："算了吧，何苦这样为难自己呢？"可他偏不，他爬起来，身上的血也不擦，继续练习下车。

在经过千百次摔打之后，王江民终于征服了那辆看似无法驾驭的自行车。他终于可以和正常人一样骑车外出了，那一刻，他感觉到自己与正常人根本没什么区别，于是他在自己心里的模样高大了起来，他知道，残疾并不能毁掉自己的理想，而且不能阻碍自己干任何事。

5. 别人看不起你，很不幸，你看不起自己，更不幸

之后，即便腿不方便，可王江民偏偏要去爬高山、游泳。一次，在烟台海边的礁石上钓鱼，涨潮了，他回不到岸上，只会潜水不会抬头游泳的王江民一个猛子扎进海水里，虽然饱尝了苦涩的海水，从此也学会了抬头游泳。

王江民就是这样，凭借强大的自信和毅力最终战胜了命运，为他自己创造了一次又一次新的机遇。

他一辈子没有上过大学，在38岁之后才开始学习电脑，却开发出了中国首款专业杀毒软件——江民杀毒软件，2003年他跻身"中国IT富豪榜50强"。他先后被授予"全国青年自学成才标兵"、"新长征突击手标兵"等称号。他的成功从某种角度来说也是他做人的成功，是意志上的成功，是与命运抗衡的成功！

如今，王江民先生虽已故去，但他却在自己的生命史上留下了浓重的一笔，今天看来，这一笔依然那样艳丽。

其实，我们出生之时，人生就只是一张空白画布，在此后的日子里，你涂上什么，它就会呈现出什么颜色，生命的精彩需要我们用勇敢和行动去描绘。对于一个普通人而言，三五年也许可以读完一个本科学位，也许可以赚进个十万、百万，但在我们的生命中，往往有太多个三五年被白白浪费。那么，我们为什么不让生命中多一些精彩、多一些瑰丽呢？是不是你心中还是有些害怕？

的确，生命中许多美好在发生之前我们是未能感知的，甚至那时你所能感知到的竟是羞愧、痛苦与委屈，但不必看得太重！当生命行驶到某一个阶段，它终会给你一个公平的说法。对于那些曾经的挫折、那些失败、那些痛苦、那些屈辱、那些轻视、那些诽谤……终有一天你会明白，那只不过是生命中的小小意外而已。只

是千万别放弃自己，不要因为小意外，错失了大前途！

【总结与领悟】

　　事实上，只要你愿意看到自己的独特以及不完美中的完美，愿意开始欣赏自己，你就能从工作、生活、婚姻、家庭、人际挫败等一切给你带来负面情绪的事物中，找回自己的信心及价值。在你经营自己人生的过程中，如果能够摆脱自卑心理的话，你就成功了一半。

6.

生命有缺陷不是问题，思想有缺陷才是真正的残疾

当你面临着夭折的可能性，你就会意识到，生命是宝贵的，你还有许多事情要做。无论命运有多坏，人总应有所作为，有生命就有希望。身体和精神是不能同时存在缺陷的。

小疵又何妨？那些缺陷根本无须在意

人生确实有许多不完美之处，每个人都会有这样或那样的缺憾。其实，没有缺憾，我们反而无法去衡量完美。仔细想想，缺憾其实不也是一种美吗？

一位心理学家做了这样一个实验：他在一张白纸上点了一个黑点，然后问他的几个学生看到了什么。学生们异口同声地回答，看到了黑点。于是，心理学家得到了这样的结论：人们通常只会注意到自己或他人的瑕疵，而忽略其本身所具有的更多的优点。是呀，为什么他们没有注意到黑点外更大面积的白纸呢？

一位人力三轮车师傅，五十多岁，相貌堂堂。当别人问他为什么愿做这样的"活儿"，他笑着从车上跳下，并夸张地走了几步给人家看，哦，原来是跛足，左腿长，右腿短，天生的。

弄得问者很尴尬，可他却很坦然，仍是笑着说，为了能不走路，拉车便是最好的伪装，这也算是"英雄有用武之地"。他还骄傲地告诉别人："我太太很漂亮，儿子也帅！"

有这样一位女子，她喜欢自助旅行，一路上拍了许多照片，并结集出版。她常自嘲地说："因为我长得丑，所以很有安全感，如果换成是美女一个人自助旅行，那就很危险了。我得感谢我的丑！"

6. 生命有缺陷不是问题，思想有缺陷才是真正的残疾

英国有位作家兼广播主持人叫汤姆·撒克，事业、爱情皆得意，但他的身高只有1.3米，他不自卑，别人只会学"走"，他学会了"跳"，所以，他成功了。他有句豪言："我能够得到任何想要的东西。"

其实，在人世间，很多人注定与"缺陷"相伴而与"完美"相去甚远。渴求完美的习性使许多人做事比较小心谨慎，生怕出错，因此，必然导致其保守、胆小等性格特征的形成。在现实生活中我们不难发现，有的人长得一表人才，举止得体，说话有分寸，但你和他在一起就是觉得没意思，连聊天都没丝毫兴致。这些人往往是从小接受了不出"格"的规范训练，身上所有不整齐的"枝杈"都给修剪掉了，于是便失去了个性独具的风采和神韵，变得干巴、枯燥，没有生机，没有活力。客观地说，人性格上的确存在着"缺陷美"，即在实际生活中，那些性格有"缺陷"而绝对不属于十全十美的人反而显得更具有内在的魅力，也更具有吸引力。

不仅人自身是不完美的，我们生活的世界也是有许多缺憾的。比如：有一种风景，你总想看，它却在你即将聚焦的时候悄然隐退；有一种风景，你已经厌倦，它却如影随形地跟着你；世界很大，你想见的人却杳如黄鹤；世界很小，你不想看见的人却频频进入你的视线；有一种情，你爱得真、爱得纯，爱得忘了自己，而他(她)却熟视无睹，如果能够倒过来，多好，可以不让自己再忍受痛苦。世上有许多事，倒过来是圆满，顺理成章却变成了遗憾。然而，世上的许多事情正是在顺理成章地进行着，我们没办法将它倒过来。

缺陷和不足是人人都有的，但是作为独立的个体，你要相信，你有许多与众不同的甚至优于别人的地方，你要用自己特有的形象装点这个丰富多彩的世界。也许你在某些方面的确逊于他人，但是

你同样拥有别人所无法企及的专长，有些事情也许只有你能做而别人却做不了！

学会欣赏自己的不完美，并将它转化成动力，才是最重要的。

【总结与领悟】

人最大的失误，在于不懂得欣赏自己。欣赏不是溺爱。它如一缕阳光，把心照通透。溺爱则如迷雾，好坏全遮掩。越没底气的人越没有自信，生怕被说到缺点。欣赏自己的人，才不会在乎美玉微瑕。欣赏自己、爱上自己，一生做自己的恋人。面对世界，无须讨好，也不必辩白。

生命里的缺憾，是悲，亦是喜

几乎所有的硬骨鱼类腹腔内都有鳔。鱼鳔的作用在于，它所产生的浮力可以使鱼在静止状态时，自由控制身体处在某一水层。此外，鱼鳔还能使鱼腹腔产生足够的空间，保护其内脏器官，避免水压过大导致内脏受损。因此可以说，鱼鳔关乎着鱼的生死存亡。

可有一种鱼却是异类，它天生就没有鳔！更惊世骇俗的是，它的存在可追溯到恐龙出现前三亿年，至今已在地球上生活超过四亿

6. 生命有缺陷不是问题，思想有缺陷才是真正的残疾

年，它在近一亿年来几乎没有改变。它就是鲨鱼，一个"残疾"的海洋王者。

那么，究竟是什么让"残疾"的鲨鱼离开了鳔依然在水中游刃有余呢？科学家经过大量研究找到了答案：鲨鱼因为没有鳔，为保证身子不下沉，所以几乎不会停止游动，因而保持了强健的体魄，练就令人胆寒的战斗力。

原来，正是鲨鱼的天生缺陷，反而造就了它的强大。鲨鱼无鳔，是它的悲，也是它的喜。

变幻莫测的人生中也常常上演着一出出悲喜剧。

多年前，尼克·胡哲的父母原本满心欢喜地迎接他们的第一个儿子，却万万没想到会是个没有四肢的"怪物"，连在场医生都惊呆了。

第一次见到尼克·胡哲的人，都难免被他的相貌所震惊：尼克就像是一尊素描课上的半身雕像，没有手和脚。不过，尼克并不在意人们诧异的表情，他在自我介绍时常以说笑开场。

"你们好！我是尼克，生于 1982 年，澳大利亚人，周游世界分享我的故事。我一年大概飞行 120 多次，我喜欢做些好玩的事情来给生活增添色彩。当我无聊时，我会让朋友把我抱起来放在飞机座位上的行李舱中，我请朋友把门关上。那次，有位老兄一打开门，我就'嘣'地探出头来，把他吓得跳了起来。可是，他们能把我怎么样？难道用手铐把我的'手'铐起来吗？"

尼克继续说："我喜欢各种新挑战，例如刷牙，我把牙刷放在架子上，然后靠移动嘴巴来刷，有时确实很困难，也很挫败，但我最终解决了这个难题。我们很容易在第一次失败后就决定放弃，生活中有很多我没法改变的障碍，但我学会积极地看待，一次次尝试，

永不放弃。"

尼克的生活完全能够自理，独立行走，上下楼梯，洗脸刷牙，打开电器开关，操作电脑，甚至每分钟能击打43个字母，他对自己"天外飞仙"一般的身体充满感恩。

"我父母告诉我不要因没有而生气，而要为已拥有的感恩。我没有手脚，但我很感恩还有这只'小鸡腿'（他的左脚掌及上面连着的两个趾头），我家小狗曾误以为是鸡腿差点吃了它。"

尼克举例说："我用这两个宝贵的趾头做很多事，走路、打字、踢球、游泳、弹奏打击乐……我待在水里可以漂起来，因为我身体的80%是肺，'小鸡腿'则像是推进器；因为这两个趾头，我还可以做V字，每次拍照，我都会把它翘起来。"说着说着，他便翘起那两个趾头，绽出满脸笑容——Peace！

尼克的演讲幽默且极具感染力，他回忆出生时父母和亲友的悲痛、自己在学校饱受歧视的苦楚，分享家人和自己如何建立信心、经历转变。"如果你知道爱，选择爱，你就知道生命的价值在哪里，所以不要低估了自己。"在亲友支持下，他克服了各种困境，并通过奋斗获得会计和财务策划双学士学位，进而创办了"没有四肢的人生"（Life Without Limbs）非营利机构，用自己的生命激励众人，如今他已经走访了24个国家，赢得全世界的尊重。

伟大的胸怀，应该表现出这样的气概——用笑脸来迎接悲惨的命运，用百倍的勇气来应付自己的不幸。

绝望与愁苦永远不能使心灵真正坚强、人生真正成熟。困厄中徘徊犹疑的人们，只有用钢铁般的性情隐忍地跋涉，才能让一切苦难在你面前黯然失色。心灵强大需要的是信仰和毅力，品味的不是惨淡苦笑的气息，而是超脱后的平静与安宁。

6. 生命有缺陷不是问题，思想有缺陷才是真正的残疾

【总结与领悟】

最痛苦的时候，不如干脆去审视痛苦，甚至跟它紧紧地结合在一起，这或许才是解脱痛苦的更好方法。缺陷并非是一成不变的，关键在于心中对待缺陷的态度，把自己的缺陷看得明晰，知晓取长补短，知道精心作为，小心应对，有所为，有所不为，那么，缺陷也就不成其为缺陷了。

成功不会因你有缺陷而远离你

对于一个人来说，生理上的缺陷确实是一件非常残酷的事情，可你不能因此而自卑消沉。既然缺陷无法改变，那么就要正视它，把它当成前进的动力。这样一来，缺陷也就有了价值。

鲁道夫出生在美国一个普通黑人家庭，出生时只有2公斤重，之后又得了肺炎、猩红热和小儿麻痹症，几乎夭折。因为家庭贫穷，她无法及时医治，从那时起，她的双腿肌肉逐渐萎缩，到4岁时，左腿已经完全不能动弹，这极大地刺伤了年幼的鲁道夫的心灵。

一转眼，鲁道夫已经6岁，该上学了。这时，鲁道夫再也忍受不住，她多么渴望自己能像其他小孩一样，步入充满欢乐的校园啊。

一天，她穿上特制的鞋子，独自下床。谁知脚刚一着地，就支撑不住了。然而，她并没有灰心，她咬紧牙，扶着椅子，将全部力气集中到双腿上……身子慢慢直了起来。接着，在家人的鼓励声中，她迈出了有生以来的第一步。

11岁那年，鲁道夫依旧不能正常走路，这使父母焦虑万分。后来母亲出了个主意，让她尝试着打篮球，以加强腿部肌肉力量。鲁道夫立刻迷上了这项运动，经过一个阶段的锻炼，奇迹出现了！她不但身体变得强壮起来，而且能够正常走路了，甚至还能够参加正常的篮球比赛。

一次，鲁道夫正在参加一场篮球比赛，恰巧被一个名叫E·斯普勒的田径教练发现，他觉得她有着超人的弹跳和速度，就建议她改练短跑，并热情地鼓励她说："你是一只小羚羊，将来一定会成为世界短跑纪录创造者和奥运冠军。"

果然，在斯普勒的悉心教导下，鲁道夫迅速成长起来。在田纳西州，她成了全州女子短跑明星，开始在美国田坛初露头角。1995年，在芝加哥举行的第三届泛美运动会上，鲁道夫与队友一同为美国队摘得了4×100米接力的金牌。

罗马奥运会上，鲁道夫代表美国队出赛，她先平世界纪录，再破世界纪录，一人独得3枚金灿灿的金牌！创造了美国田径史上的一段传奇。

愈研究那些有成就者的事业，你就会愈加深刻地感觉到，他们之中有非常多的人之所以成功，是因为他们开始的时候有一些会阻碍他们的缺陷，促使他们加倍地努力。正如威廉·詹姆斯所说的："我们的缺陷对我们有意外的帮助。"

"如果我不是有这样的残疾，"那个在地球上创造生命科学基本

6. 生命有缺陷不是问题，思想有缺陷才是真正的残疾

概念的人写道，"我也许不会做到我所完成的这么多的工作。"达尔文坦然承认他的残疾对他有意想不到的帮助。

在现实之中，我们不能不承认自己在某些方面"确不如人"，这是很自然的事。但是，这种现实的差距并不代表我们就是一个没有能力的"低能儿"，更不应把这种差距变为自己失败的借口。

每个人都不会是"十分完美"的，都有各自的缺陷，但也有自己突出的优点。突出你的优点，正视你的缺陷，这就是你要做到的事。

【总结与领悟】

对于拥有强大内心力量的人而言，缺陷恰恰是成长的动力，因为必须努力去弥补它。在这里，人生的缺陷没有了任何的托词，它不仅不是一个人自暴自弃的借口，反而成了一个人难得的财富。

你没有别人好看，但可以比别人活得精彩

长相有缺憾的人，多会因此而自卑。这种自卑感压抑了人的自尊心、自信心和上进心，甚而会影响人的一辈子。这些人显然没有意识到，相貌只是让别人认出你，内心才是真正的自己。

中国古代哲学家杨子曾对他的学生们说："有一次，我去宋国，途中住进一家旅店里，发现人们对一位丑陋的姑娘十分敬重，而对一位漂亮的姑娘却十分轻视。你们知道这是为什么吗？"学生们听了之后说什么的都有。杨子告诉他们，经过打听才知道，那位丑陋的姑娘认为自己相貌差，因而努力干活且品格高尚，所以得到人们的敬重；那位漂亮的姑娘则认为自己相貌美丽，因而懒惰成性且品行不端，所以受到人们的轻视。

其实，做人的道理也是这样，是否被人尊敬并不在于外貌的美与丑。美绝不只是表面的，而是有着更深层次的内涵。如果表面的美失去了应该具有的内涵，就会为人们所不屑，那位漂亮姑娘就是最好的例证。勤能补拙，也能补丑，这是那位丑姑娘给我们的启示。

诚然，相貌的美丑的确会影响别人对你的印象，但并不是绝对的影响因素。相貌有缺憾的人并不是一无所长，只要能把自己的长处发挥出来，一样可以令人刮目相看。

凯丝·达莉从小就表现出了不错的歌唱天赋，她想成为一名歌唱演员，但她的脸并不好看，而且天生长有龅牙。

长大后，她来到新泽西一家夜总会唱歌。为了掩盖自己的缺点，她总是将上嘴唇尽力下拉，谁知这样一来非但没有使自己变得好看，反而大大影响了歌唱的质量，结果洋相百出。她哭了，哭得很伤心，坐在台下的一位音乐家听出了她的天分，于是说道："我一直在注意你的表演，你很有天分，但你的掩饰动作影响了自己的发挥。坦率地说，我知道你想掩饰什么，龅牙对吗？可又有谁说龅牙就一定难看？记住，观众欣赏的是你的歌声，而不是你的牙齿，你只要把歌唱好就可以了！"

这番话虽然令凯丝·达莉有些难堪，但同时又使她受到了极大

6. 生命有缺陷不是问题，思想有缺陷才是真正的残疾

震动。她接受了音乐家的忠告，忘记龅牙，放声歌唱。她的歌声征服了在场的所有人，这使得她迅速走红美国演艺圈，而那颗一直被她掩藏的龅牙，也成了凯丝·达莉的标志，广为歌迷所称道。

缺陷不是人的弱势，缺陷反而会激发人们求取完善的意志，警策人们自知自明的睿智，提取人们应对失败的心智。正是因此，美学上才有了"丑到极处就是美到极处"的观点。丑是一种缺陷，而正视自身的丑，并且把丑张扬到极致，就是一种美了。

【总结与领悟】

不论我们外表看起来多么丑陋，我们的本质始终是美好的，生命最原本的喜悦和美好不会因为你的长相而逊色。何况等到年纪大了，人们看重将不再是外表，而是看你的内心的修为。所以，真的没有必要因为相貌而自卑。

残缺掩盖不住你的光芒

生活中总是这样，上天残酷地紧闭一道门的时候，只要你努力，就会悄悄地为你敞开另一扇窗，关键在于，你肯不肯去推开它，迎接生命中的曙光。

在东北吉林有一个袖珍姑娘，她出生时因为母亲难产患上了生长激素缺乏症，只有通过注射生长激素才能长高，但这种东西价格不菲，普通家庭根本承担不起，她的父母只能含着泪停止了她的治疗。后来，因为骨骺闭合，她的身高最终停留在了1.16米，但就算如此，也未能阻止她不断追逐自己梦想的高度。这个姑娘，心理上没有丝毫自卑，除了身高，你看不出她与正常人有什么两样。

其实，一般袖珍人在成长过程中所遭遇的问题和困扰，她都经历过，只是她都能以乐观坚强的性格一一克服。

因为身高的原因，求学时她就遇到了很多困难，入学、升学、考试等各种问题，甚至大学都是站着上完的，但她仍然靠自己的努力顺利通过了英语专业八级的考试，并顺利毕业。

作为长春师范院校英语专业的学生，当老师是她最大的梦想，然而1.16米的身高注定了她与这份深爱的职业无缘。每一次招聘会，她都会被无情地伤害，尽管她的英语口语和文字表达都比较好，但用人单位只要一看到她的身高，就都会将她拒之门外。那时节，她家周围一些有残疾的、从事卖报纸、修汽车等工作的朋友曾想帮她找一份类似的工作，都被她婉言谢绝了，不是看不起这样的工作，只是她觉得放弃这么多年所学的专业，真的不甘心。她仍坚持着跑招聘会，后来，长春市一家制药企业终于被她坚强的信念所感动了，他们向她伸出了橄榄枝，与她签订协议聘请其担当英语翻译。

得到了稳定的工作，她开始有计划地去实现自己的梦想，她的梦想有很多，大多与袖珍人有关。这个坚强且博爱的姑娘深知自己的遗憾已经无法弥补，但她不想让更多的袖珍人再留下遗憾，于是

6. 生命有缺陷不是问题，思想有缺陷才是真正的残疾

经过不懈的努力，"全国矮小人士联谊会"在她的推动下成立了，目前已在全国各地初具规模，在收获事业的同时，她也在联谊会里收获了自己的爱情。

2011年，这个袖珍姑娘身穿白纱挽着自己的爱人步入了神圣的婚姻殿堂，这在早些年甚至是她从没想到能够实现的梦想。

婚礼上，30多名苏浙沪的袖珍人带着对这对新人的祝福来到现场。"我们也希望能像他们一样幸福，找到可以相伴一生的人！"多名"袖珍姑娘"沉浸在喜悦中。婚礼现场更感人的一幕是，来自全国各地的99名袖珍朋友隔空发来了对新人的祝福视频。从"中国达人秀"走出来的"袖珍明星"朱洁和秦学仕也来到现场，献上了一曲《甜蜜蜜》，祝福新人婚姻甜蜜，生活美满。中国红十字基金会项目管理部副部长周魁庆代表中国红基会赠送了礼物，更带来"成长天使基金"的"爱心天使"佟大为、关悦夫妇的视频祝福。

这个全国知名的袖珍才女名叫逯家蕊，她的微博标签是"袖珍女孩、水晶人生"。

我们追求美，我们追求完美。然而，那断臂的维纳斯令我们心醉，那种因残缺而更显美丽的魅力震撼人心。

一个人，即使身有残疾，也不应该失去意志，应该更努力去实现人生的价值。一个人，只有心里的火焰被点燃，才能实现自己人生的价值；如果消沉，放任自流，那无疑是令自己有缺憾的生命雪上加霜。今生，不论你能走多远，不论生命给你的是馈赠还是缺憾，请爱你的心灵，别让它沾染人世的黑暗，别让它因为受苦而不再充满活力。

【总结与领悟】

许多事你无力回天，许多缺失你无法挽回，但自卑、自怜无济于事。你唯一能让自己解脱的，是选择爱自己的心灵，让你的心完美。也许你没有财富，也许你没有幸福的家庭，也许你没有亮丽的容颜，也许你天生就有残疾，但是，谁说你不能令自己快乐呢？

如果你是别人眼中的笨鸟，就先飞

如果你天生平凡，那你就要比别人努力，而且不能放弃希望！如果早早地做好计划，早早地做好准备，尽早做出行动，那么，就算是小笨鸟也会有肥肥的虫儿吃，而等那些自以为聪明、懒洋洋、慢吞吞的鸟儿起来忙着找虫吃时，早起的鸟儿早已吃饱，精气十足地开始了新一天的生活。

如果你是笨鸟，要想在激烈的竞争中走在别人前面，那么就要早些打点行装，开始上路。即使早行的路上会有薄雾遮眼，晓露沾衣，但只要朝着东方跋涉，我们必然会成为最早迎接朝阳的人。

她读小学时，文化课成绩一塌糊涂，唯一及格的，只有手工课。老师来家访，忧心忡忡地说："也许孩子的智力有问题。"父亲坚定

6. 生命有缺陷不是问题，思想有缺陷才是真正的残疾

地摇了摇头，说："能做出这么漂亮的手工作品，说明她的智力没有问题，而且非常聪明。"

看着老师摇着头离开，她难过地流下了泪水。父亲却笑着说："乖女儿，你一点儿都不笨。"说着，父亲从书架上拿出一本书，翻到其中一页，说："还记得我给你讲过的蓝鲸的故事吗？蓝鲸可是动物界最大的家伙，可你别看它如此庞然，它的喉咙却非常狭窄，只能吞下5厘米以下的小鱼。蓝鲸这样的生理结构，是造物主的巧妙设计，因为如果成年的鱼也能被它大量吃掉，那么，海洋生物也许就要面临灭绝的境地了！"

"上帝不会偏爱谁，连蓝鲸这样的大家伙也不例外。"停了停，父亲又给她讲了一个故事：

"奥黛丽·赫本因为长期的营养不良导致她的身材非常瘦削。当听说她的梦想是要成为电影明星时，所有的同学都嘲笑她白日做梦，说一阵风就可以把她刮上天了。在大家的嘲讽面前，赫本并未自卑，她一直为自己的梦想努力着，终于成功扮演了《罗马假日》中楚楚动人的安妮公主。如果当初，她因为别人的嘲笑而放弃理想，就不可能成为后来的世界级影星。"

父亲又鼓励她说："你看，无论是蓝鲸，还是巨星，都有其不完美的一面。这就好像你的文化课成绩虽然差一点儿，但手工却是最棒的，说明你心灵手巧。你有自己的天赋，要坚持下去。"

也许正因为有了父亲的鼓励，打这以后，她不但更加迷恋手工，还时不时地搞些小发明。比如听母亲抱怨说衣架不好用，她略加改造，就成了可以自由变换长度的"万能衣架"，甚至，在父亲的帮助下，她还将家里的两辆旧自行车拼到一起，变成了一辆双人自行车。

她就这样快乐地成长着，不再在乎别人说自己笨。似乎只是转

眼之间，她已是麻省理工大学的一名学生。那天，她外出购物，在超市门前偶然听到有两位顾客抱怨："现在找个空车位真难！如果谁能发明一种可以折叠的汽车就好了！"说者无心，听者有意，她随即产生了尝试一下的想法。

回去以后，她开始搜集有关汽车构造方面的知识，单是资料就打印了厚厚的几大本。接下来，她开始进行设计，一次次的思考，图纸画了一次又一次。经过半年的努力，她竟然真的设计出了折叠汽车的图纸。

这时，又有同学泼冷水，"你知道如何生产吗？说不定这就是一些废纸！"她又想起了父亲当年讲的蓝鲸的故事，笑着说："我确实不懂生产汽车，但有人懂啊，我可以寻求合作。"接着，她在网上发布帖子，寻求可以合作的商家。不久，西班牙一家汽车制造商联系到她，双方很快签下合约。2012年2月，世界上第一款可以折叠的汽车问世了。

这款汽车有着时尚的圆弧造型，全长不过1.5米，电动机位于车轮中，可以在原地转圈，只要充一次电，就可行驶120公里，最重要的是它可以在30秒之内，神奇般地完成折叠动作，让车主再也不用担心没有足够的空间来停车。折叠汽车刚刚亮相，就受到众多车迷们的追捧，还没等正式批量生产，就收到了很多订单。

她就是来自美国的达利娅·格里。在接受记者采访时，她有些害羞地说："我从小就不是个聪明的孩子，但我坚持做自己喜欢的事，用刻苦和勤奋来弥补缺陷，才找到了属于自己的路。"

每个人都有多方面的才能，社会的需要和分工更是多种多样的。一个人这方面有缺陷，可以从另一方面谋求发展。只要有了积极心态，就可以扬长避短，把自己的某种缺陷转化为自强不息的推动力

6. 生命有缺陷不是问题，思想有缺陷才是真正的残疾

量，也许你的缺陷不但不会成为你的障碍，反而会成为你成功的条件。因为它促使你更加专心地关注自己选择的发展方向，促成你获得超出常人的动力，最终成为超越缺陷的卓越人士。

【总结与领悟】

如果你在某一方面的条件不如别人，那就仔细看看自己，一定会有强于别人的地方，这就是你的天赋。把握它，发挥它，强化它！用你的汗水浇灌它。成绩，源于对自我的正确认知以及孜孜不倦的努力。如果你是别人眼中的笨鸟，就先飞，你会比他们到的更早。

没有伞的孩子，必须努力奔跑

如果你是一个没有雨伞的孩子，下大雨的时候，人家可以撑着伞慢慢地走，但是你必须奔跑……

你不能躲起来等雨停，因为雨停了或许天也就黑了，那时候你的路会更难走；你没有办法等待雨伞，因为你没有雨伞，也没有人会给你送伞。所以，你只能选择奔跑，而且是努力奔跑，因为跑得越快，被淋的时间就越少。

有人说："为什么要跑，难道跑就不会淋雨了吗？既然都是在雨中，我又为什么要浪费力气去跑呢？"是的，即使跑得再快，也会被淋湿，但这是一个态度的问题。

在现实生活中，绝大多数人如你我一样，都是没有伞却刚好又碰到大雨，我们都很平凡，一如我们的父母一样，平凡到这个世界简直感觉不到我们的存在，那不是我们低调，而是我们没有高调的资本。所以我们必须学会奔跑，原因很简单，物竞天择，适者生存，强者生存，弱者被淘汰。

在加拿大的夏绿蒂皇后岛上，生活着一种小海雀，小海雀一旦孵化，它们的父母就马上出海捕食，到了深夜，小海雀会听到父母从远处发出的呼唤，它们便毫不迟疑跑出洞，穿过茂密的灌木，直达海滩。一路上，它们会不顾一切向前冲，它们的父母就在远离陆地的大海上等它们。小海雀在这时候，几乎会用和路上狂奔一样的动作在大海上一路向前。

小海雀的爸爸妈妈之所以要这样训练自己的孩子，原因很简单：由于这种海雀的两翼很脆弱，不能展翅高飞，要在弱肉强食环境中生存下来，毫无选择，必须学会奔跑、游水和潜水。

平凡的我们就是那些小海雀，我们没有选择，只有那一条相对艰难的路，你不跑起来，生命就会在慵懒中逐渐消亡。所以没有伞的孩子，我们只能选择努力奔跑。是的，现在的我们仍然看着很平凡，名不见经传，但是我们要向着不平凡去努力。当然，就结果而言，我们不敢有绝对的判断，但是跑与不跑的两种态度将决定我们生命的质量：第一种人还有希望，第二种人只有失望。

6. 生命有缺陷不是问题，思想有缺陷才是真正的残疾

【总结与领悟】

每个没有伞的孩子都应该像小海雀一样，跑起来，因为这意味着：勇敢面对，接受挑战，努力争取，无所畏惧，没有后悔，没有抱怨，心中充满理想，充满希望，懂得为自己创造机会。而你今天的努力，将决定你明天的生活和成就。

即使没有行李，依然可以带着梦想上路

其实，在人生这场征程中，即使你没有车马盘缠，没有丰衣足食，即使两手空空没有什么行李，但只要你有梦想，就依然可以义无反顾地上路。因为，梦想就是最宝贵的财富，有了它，就足以抵挡无限的未知与危险的威慑，就足以让我们原本不被看好的人生有千变万化的可能。

他是鞋匠的儿子，生活在社会的最底层。他从小忍受着贫困与饥饿的煎熬以及富家子弟的奚落和嘲笑，但他是个爱做梦的孩子，梦想有朝一日能够通过个人发奋摆脱歧视，成为一个受世人尊重的人。

没有人愿意跟他玩，他一天大部分时刻都把自己关在屋里，读

书或者给他的玩具娃娃缝衣服,然后等待晚上父亲给他讲《一千零一夜》的故事,或者向父亲倾诉他想成为一名演员或作家的梦想。

他 11 岁时,父亲去世了,他的处境更加艰难。14 岁时,由于生活所迫,母亲要他去当裁缝工学徒。他哭着把他读过的许多出身贫寒的名人的故事讲给她听,哀求母亲允许他去哥本哈根,正因那里有著名的皇家剧院,他的表演天分也许会得到人们的赏识。他说:"我梦想能成为一个名人,我知道要想出名就得先吃尽千辛万苦。"

就这样,14 岁的他穿着一身土得掉渣的大人服装离开了故乡。由于家境贫寒,母亲实在筹不出什么东西能够让他带在身上,她唯一能做的就是花 3 个丹麦银元买通赶邮车的马夫,乞求他让儿子搭车前往哥本哈根。母亲看着年幼的儿子两手空空地远行,心痛而愧疚,不由得泪水长流。他反倒安慰母亲说:"我并不是两手空空啊,我带着我的梦想远行,这才是最最重要的行李。妈妈,我会成功的!"就这样,一个 14 岁的穷孩子,两手空空地独自踏上了前往哥本哈根的寻梦之路。

也许上天注定了每个人的梦想之旅不会一帆风顺,他也一样。在哥本哈根,他依然无法摆脱别人的歧视,经常受到许多人的嘲笑,嘲笑他的脸像纸一样苍白,眼睛像青豆般细小,像个小丑。几经周折,他最后在皇家剧院得到了一个扮演侏儒的机会,他的名字第一次被印在了节目单上,望着那些铅印的字母,他兴奋得夜不能寐。

但愉悦是短暂的,他之后扮演的主角无非是男仆、侍童、牧羊人等,他感觉自我成为大演员的期望越来越渺茫。于是,为了成为名人,他开始投身到写作中。他笔耕不辍,两年后,他的第一本小

6. 生命有缺陷不是问题，思想有缺陷才是真正的残疾

说集出版，但由于他是个无名小卒，书根本卖不出去。他试图把这本书敬献给当时的名人贝尔，却遭到讽刺和拒绝："如果您认为您应当对我有一点儿尊重的话，您只要放下把您的书献给我的想法就够了。"

在哥本哈根，他的梦想之火一次又一次遭遇瓢泼冷水，人们嘲笑他是个"对梦想执着，但时运不济的可怜的鞋匠的儿子"，他一度抑郁甚至想到自杀。但每次在梦想之火濒于熄灭之际，他就会一遍又一遍地告诉自己："我并不是一无所有，至少我还有梦想，有梦，就有成功的希望！"

最后，在他来哥本哈根寻梦的第 15 个年头里，在经历过一次次刻骨铭心的失败后，29 岁时，他以小说《即兴诗人》一举成名。随后，他出版了一本装帧朴素的小册子《讲给孩子们的童话》，里面有 4 篇童话——《打火匣》《小克劳斯和大克劳斯》《豌豆上的公主》和《小意达的花儿》，奠定了他作为一名世界级童话作家的地位。

他用梦想点燃了自我，用童话征服了世界。也许你已经猜到了，他就是丹麦著名作家安徒生。

成名以后，安徒生受到了王公大臣的欢迎和世人的尊敬，他经常收到国王的邀请并被授予勋章，他最后能够自在地在他们面前读他写的故事，而不用担心受到奚落。但从他的童话中，我们依然能够看到他的影子，他就是《打火匣》里的那个士兵，就是那个能看出皇帝一丝不挂的小男孩，就是那只变成美丽天鹅的丑小鸭……

谁会想到，一个两手空空来繁华都市寻梦的穷孩子，最终会得到人生如此丰硕的回报？之所以如此，正是因为他有梦想，而且是个在困难面前从不轻易熄灭梦想之火的人。

我们可以把人生比作一个牌局，上帝负责为每一个人发牌，牌的好坏不能由我们选择，但我们可以用好的心态去接受现实，即使你手中只是一副烂牌，但你可以尽最大努力将牌打得无可挑剔，让手中的牌发挥出最大威力。

【总结与领悟】

只有那些不向命运低头，敢于带着梦想上路的人，才能够逆转命运的残酷。有些人即便天生一无所有，也能书写出美丽的人生童话，折射出别样的人生光彩；而有些人生来锦衣玉食，车马齐备，但如果只把目标放在人生的享乐上，他的人生也绝不可能丰富也不可能精彩。

7.
生命中的红线，并不仅仅只有一条

  恋爱是一次已完成的选择，失恋面对的是即将而来的选择。在以后的日子里，只要有一个能与你心心相印的人，我们就可以回头对岁月说："谢谢，我庆幸那次失恋。"真的别那么伤心，或许那个真正给我们幸福的人，正在不远处等待我们。

不是每段恋曲，都有美好回忆

　　曾几何时，她与你心心相印、海誓山盟，约定白头到老、相携相扶，然而，随着空间的阻隔、时间的流逝，那份你侬我侬，逐渐淡而无味，乃至随风散去。爱情就是如此，情缘未必能遂人愿，并非每个人都能拥有缘，亦不可能每份缘都能被牢牢地抓在手中。尘世间的聚聚散散、分分合合，在生活中演绎出多少恩恩怨怨。有时有缘无分，君住长江头，我住长江尾，日日思君不见君；有时有情无缘，执手相看泪眼，竟无语凝噎。凡此种种，皆是人世间的大痛，可有谁能料定？谁又能改变？

　　人生本来就有太多的未知，若无缘，或许只是一个念头、一次决定，便可了断一份情、丧失一份爱。一见钟情是为缘，分道扬镳也是缘，宿命如此，人生亦如此。爱情是变化的，任凭再牢固的爱情，也不会静如止水，爱情不是人生中一个凝固的点，而是一条流动的河。所以，并不是有情人都能成眷属，亦不可说每个美丽的开始都会有圆满的结局。你叹也好、恼也罢，事实就是如此，本无道理可言。也正因如此，人世间才会出现那么多的不甘与苦痛。

　　吴海洋和王媛媛是华南某名牌大学的高才生。他们俩既是同班

7. 生命中的红线，并不仅仅只有一条

同学，又是同乡，所以很自然地成了一对形影不离的恋人。

一天，吴海洋对王媛媛说："你像仲夏夜的月亮，照耀着我梦幻般的诗意，使我有如置身天堂。"王媛媛也满怀深情地说："你像春天里的阳光，催生了我蛰伏的激情。我仿佛重获新生。"两个坠入爱河的青年人就这样沉浸在爱的海洋中，并约定等吴海洋拿到博士学位就结成秦晋之好。

半年后，吴海洋负笈远洋到国外深造。多少个异乡的夜晚，他怀着尚未启封的爱情，像守着等待破土的新绿。他虔诚地苦读，并以对爱的期待时时激励着自己的锐志。几年后，吴海洋终于以优异的成绩获得博士学位，处于兴奋状态的他并未感到信中的王媛媛有些许变化，学业期满，他恨不得身长翅膀脚生云，立刻就飞到王媛媛身边，然而他哪里知道，昔日的女友早已和别人搭上了爱的航班。吴海洋找到王媛媛后质问她，王媛媛却真诚地说："我对你已无往日的情感了，难道必须延续这无望的情缘吗？如果非要延续的话，你我只能更痛苦。"吴海洋只好退到别人的爱情背面，默默地舔舐着自己不见刀痕的伤口。

或许我们会站在道义的立场上，为品德高贵、一诺千金的吴海洋表示惋惜，但我们又能就此来指责王媛媛什么呢？怪只能怪爱本身就具有一定的可变性。

诚然，只要真心爱过，分手对于每个人而言都是痛苦的。不同的是，聪明的人会透过痛苦看本质，从痛苦中挣脱出来，笑对新的生活；愚蠢的人则一直沉溺在痛苦之中，抱着回忆过日子，从此再不见笑容……

不过，千万不要憎恨你曾深爱过的人，或许这就是宿命，或许

他（她）还没有准备好与你牵手，或许他（她）还不够成熟，或许他（她）有你所不知道的原因。不管是什么，都别太在意，别伤了自己。你应该意识到，如此优秀的你，离开他（她）一样可以生活得很好。你甚至应该感谢他（她），感谢他（她）让你对爱情有了进一步的了解，感谢他（她）让你在爱情面前变得更加成熟，感谢他（她）给了你一次重新选择的机会，他（她）的离去，或许正预示着你将迎接一个更美丽的未来。

【总结与领悟】

爱过之后才知道爱情本无对与错、是与非，快乐与悲伤会携手和你同行，直至你的生命结束！世上千般情，唯有爱最难说得清。爱的时候，不要轻易说放弃，但放弃了，就不要再介怀。经不起考验的爱情是不深刻的，也不值得你用一辈子去痛苦地回忆。

聚散随缘，何必太执着

有人问隐士，什么是缘。隐士想了一会说："缘是命，命是缘"。这人听得有些糊涂，于是去问高僧。高僧说："缘是前生的修炼"。

7. 生命中的红线，并不仅仅只有一条

这人还是不解，又去问智者。智者不语，以手指向天边云。这人顺势看去，只见云起云落，随风飘散，于是顿悟——缘是不可求的，缘如风，风不定。云聚是缘，云散也是缘。

爱情里提到最多的就是个"缘"，所谓有缘无分，强求也无用。

有个书生，和未婚妻约定在某年某月某日结婚，然而到了那一天，未婚妻却嫁给了别人。书生大受打击，从此一病不起。家人用尽各种办法都无能为力，眼看书生即将不久于人世。这时，一位游士路过此地，得知情况以后，决定点化他一下。游士来到书生床前，从怀中摸出一面镜子叫书生看。

镜中是这样一幅景：茫茫大海边，一名遇害女子一丝不挂地躺在海滩上。有一人路过，只是看了一眼，摇摇头，便走了……又一人路过，将外衣脱下，盖在女尸身上，也走了……第三人路过，他走上前去，挖了个坑，小心翼翼地将尸体掩埋了……疑惑间，面画切换，书生看到自己的未婚妻——洞房花烛夜，她正被丈夫掀起盖头……书生不明所以。

游士解释说："那具海滩上的女尸就是你未婚妻的前世。你是第二个路过的人，曾给过她一件衣服。她今生和你相恋，只为还你一个情。但是她最终要报答一生一世的人，是最后那个把她掩埋的人，那人就是她现在的丈夫。"

书生大悟，瞬息从床上坐起，病愈！

是你的就是你的，不是你的就不要强求，过分的执着伤人又伤己。缘来则聚，缘去则散，不一定非要追究谁对谁错，爱与不爱又有谁能够说得清楚？当爱来时，我们只管尽情去爱，当爱走时，就潇洒地挥一挥手吧！人生短短数十载，命运把握在自己手中，没必

要在乎得与失，拥有与放弃，热恋与分离。失恋之后，如果能把诅咒与怨恨都放下，就会懂得真正的爱。

倘若我们将人生比作一棵枝繁叶茂的大树，那么爱情仅仅是树上的一粒果子，爱情受到了挫折遭受到了一次失败，并不等于人生全部失败。世界上有很多在爱情生活方面不幸的人，他们却成了千古不朽的伟人。因此，对失恋者来说，对待爱情要学会放弃，毕竟一段过去不能代表永远，一次爱情不能代表永生。

聚散随缘，不要太执着，让一切恩怨在岁月的流逝中淡去。那些深刻的记忆终会被时间的脚步踏平，过去的就让它过去好了，未来的才是我们该企盼的。

缘聚缘散总无强求之理。世间人，分分合合、合合分分谁又能预料？该走的还是会走，该留的还是会留。一切随缘吧！

【总结与领悟】

所谓失恋，不是失去过去，因为过去已然实实在在地发生过了，没有人能更改；也不是失去未来，因为将来可能的完美或者不完美只是你的臆想，你尚未经历，何谈失去？所以，不要因为结束而哭泣，微笑吧，为你曾经拥有。

7. 生命中的红线，并不仅仅只有一条

值得你流泪的人不会让你哭

是不是每一份感情都值得你为之哭泣？是不是曾经在一起的每一个人都值得你去留恋？智者说：不！

有个女孩失恋了，哭哭啼啼地去找智者倾诉。

智者问她："孩子，你哭什么？"

女孩说："我失恋了，他爱上了别人！"

智者问："那你爱他吗？"

女孩说："爱，非常爱！"

智者又问："那他爱你吗？"

女孩很无奈："现在不爱了……"

智者说："那么，该哭的人是他，因为他失去了一个爱他的人，而你，不过失去了一个不爱你的人！"

当你将整颗心交给一个人，你会希望这世界上只剩下你和他二人，因为爱情的世界里，从不欢迎第三者。只可惜，爱情这东西很难预料，没有人知道你们的未来通向哪里，或许走着走着，他（她）就牵上了别人的手。

倘若有一天，他（她）不再爱你，你该怎么办？请不要为他

（她）哭泣，因为你不过是失去了一个不再爱你的人。放下心中的纠结，你会发现，原本我们以为不可失去的人，其实并不是不可失去。你今天流干了眼泪，明天自会有人来与你一起欢笑。

有些事，有些人，或许只能够作为回忆，永远不能够成为将来！感情的事该放下就放下，你要不停地告诉自己——离开你，是他（她）的损失！

纪晓光一直困扰在一段"剪不断，理还乱"的感情里出不来。

一个人走在春日的阳光下，空气中到处是春天的味道，有柳树的清香，小草的芬芳。纪晓光想："世界如此美好，可是我却失恋了。"这时，那一种刺痛突然在心底弥漫。纪晓光有种想流泪的感觉，她仰起头，不让泪水夺眶。

走累了，纪晓光坐在街心花园的长椅上。旁边有一对母女，小女孩眼睛大大的，小脸红扑扑的。她们的对话吸引了纪晓光。

"妈妈，你说友情重要还是半块橡皮重要？"

"当然是友情重要了。"

"那为什么乐乐为了想要妞妞的半块橡皮，就答应她以后不再和我做好朋友了呢？"

"哦，是这样啊。难怪你最近不高兴。孩子，你应该这样想，如果她是真心和你做朋友就不会为任何东西放弃友谊，如果她会轻易放弃友谊，那这种友情也就没有什么值得珍惜的了。"母亲轻轻地说。

"孩子，知道什么样的花能引来蜜蜂和蝴蝶吗。"

"知道，是很美丽很香的花。"

"对了，人也一样，你只要加强自身的修养，又博学多才。当你像一朵很美的花时，就会吸引到很多人和你做朋友。所以，放弃你是她的损失，不是你的。"

"是啊，为了升职放弃的爱情也没有什么值得留恋的。如果我是美丽的花，放弃我是他的损失。"纪晓光的心情突然开朗起来了。

若是一个人为虚荣放弃你们之间的感情，你是不是应该感到庆幸呢？很显然，这样的人不值得你去爱。

大量的事实告诉我们，对待感情不可过于执着，否则伤害的只能是我们自己。

其实，对方离开你，并不意味着你没有魅力了，只能说明他不懂得欣赏你。如此看来，你虽然失去了一棵树，但很有可能会得到一片林。

【总结与领悟】

值得让你流泪的人不会让你哭泣。情尽时，自有另一番新境界，所有的悲哀终会成为历史。情尽时，转个弯你还能飞，别为谁彻底折断了自己的羽翼。

真正的爱情，是两情相悦

在《乱世佳人》中，思嘉丽在少女时代就狂热地爱上了近邻的一位青年艾希礼。每当遇到艾希礼，思嘉丽就恨不得把自己全部的热情都倾注在他身上，然而他却浑然不觉。在思嘉丽向艾希礼表达她的爱慕之情时，思嘉丽被另一个青年瑞德发现，从此瑞德对思嘉丽产生了爱慕之情。艾希礼并没有领会思嘉丽的真情，同他的表妹梅兰结婚了，思嘉丽陷入深深的痛苦之中，然而她对艾希礼的爱恋依然丝毫没有减弱。

后来"二战"爆发了，瑞德干起了运送军民物资的生意，并借此多次接触思嘉丽。他非常欣赏思嘉丽独立、坚强的个性和美丽、高贵的气质，狂热地追求她，引导思嘉丽冲破传统习俗的束缚，激发她灵魂中真实、叛逆的内核，让她开始追求真正的幸福。思嘉丽最终经不起他强烈的爱情攻势，他们结婚了。然而思嘉丽却始终放不下对艾希礼的感情，尽管瑞德十分爱她，她却始终感觉不到幸福，一直不肯对瑞德付出真爱，以致他们的感情生活出现了深深的裂痕。后来，他们最爱的小女儿不幸夭折，瑞德悲痛万分，对思嘉丽的感情也失去信心，最终离开了她。瑞德的离去使思嘉丽最终意识到自

7. 生命中的红线，并不仅仅只有一条

己的真爱其实就是他，然而一切悔之晚矣。

思嘉丽被一个并不爱她的男人蒙蔽了发现爱情的双眼，一生都在追求一种虚无缥缈的感觉，追求一种并不存在的所谓的爱情，当真正的爱情一直守在身边时，她却屡屡忽略。瑞德选择了一个不爱自己的女人，也因此付出了大量的青春和感情，最终使自己伤痕累累。他们俩的选择都是错误的，因为他们选择了不爱自己的人，致使自己的感情白白付出，以致最终酿成了悲剧。

真正完美的、能够长久地给人带来幸福的爱情，应该是两相情愿、两情相悦的，是爱情双方互相认同和吸引的，是双方共同努力营造的。一个巴掌拍不响，单靠一个人的努力，另外一方无所回应，爱情的幼苗不可能发展壮大，爱情的花朵也不可能结出丰硕的果实。

我们在寻找爱情时，一定要找一个既爱自己又被自己深深爱着的人，找一个与自己的道德观念、人生理想、信仰追求相似的人。尽管这样的爱情得来不易，适合自己的伴侣迟迟没有出现，我们也应对真爱抱有坚定而执着的信念，做到"宁缺毋滥"。因为不适合自己的"爱情"不仅不能给自己带来幸福，还会浪费自己的青春和感情，给自己的心灵造成伤害，使我们丧失对真爱的感悟力，使伤痕累累的我们没有信心再去尝试真正的爱情，从而错过人生中的最爱，这难道不是最大的悲剧吗？

【总结与领悟】

"香烟爱上火柴，就注定被伤害；老鼠爱上猫咪，就注定被淘汰。"选择你不爱的人，是践踏他的尊严；选择不爱你的人，是践踏

自己的尊严。终有一天，回首过往，最心痛的不是逝去的感情，而是失去的尊严。我们都曾为爱做尽傻事，但真正的爱情，是要两情相悦的！

一个人痛，就足够了

如果我有一块糖，分给你一半，就有了两个人的甜蜜。如果你我都有一份痛，全部交给我来担，我一个人痛，就足够了。

他和她青梅竹马，自小相爱。

20岁那年，他应征入伍，她没去送他，她说怕忍不住不让他走，她不想耽误他的前程。

到了部队，不能使用手机，他与她之间更多的是书信来往，鸿雁传情。每一次看到她的信，他都在心里对她说："等着我，我一定风风光光地娶你进门，与子偕老，今生不弃。"

三年的时间可以模糊很多东西，却模糊不了他对她的思念。可是突然有一天，她在信中对他说："分手吧！我已经厌倦了这种生活，真的厌倦了！"

他不相信，不相信这是真的，他甚至想马上离开部队，回去让她给自己一个解释。可是，那样做就是逃兵啊！

7. 生命中的红线，并不仅仅只有一条

所有的战友都劝他："我们的职责虽然是光荣的，但对于自己的女人来说却是痛苦的。我们让女人等了那么多年，若日后真的荣归故里还好，若不能出人头地，还要让她跟着受苦吗？所以分开了也好。你得看开些，如果实在看不开，等退伍了，兄弟们陪你一起去，向她问个明白。"

退伍那天，他什么都顾不得做，第一时间赶回了家乡，只想快点见到她，问她一句："为什么？"可是见到她的哪一刻，他彻底心冷了。他不愿相信却又不得不相信，她已嫁做人妻且已为人母。原来，她早忘了他们之间的爱情。

然而一个偶然的机会让他发现，原来，他曾经送给她的东西，她一样没丢，至今保存。他找到她，想知道为什么，为什么明明没有忘记他，却嫁给他人。在他苦苦的询问与哀求之下，她终于道出了事情的真相。

原来，有一次她去参加朋友的聚会，喝多了酒，他现在的老公曾经是她的追求者，主动送她回家，就在她家的小区里，他们遇到了一位酒驾的业主，他猛地推开她，她无甚大碍，他却残了一条腿。她说："所以，我宁愿嫁给他，照顾他一辈子。只是没想到这份感情里，伤得最深的还是你。"

他沉默了，没有说话，只是静静地听着，就像听故事一样。

他默默地转身走了，烧毁了她送给他的一切，不是绝情，只是想把她彻底忘记。他知道她心里也有痛，他不能在她的心里再撒盐，这种痛，他一个人来承受，就足够了。

一段感情的终止也许只是一个误会，但事实已成便也无法挽回。也许对方心里也有痛，只是你当时没有理解，他的心情你无法揣

摩。可是事情已成定局，那么剩下的不该是用你最后的勇气去祝福他吗？

把相恋时的狂喜化成白蝴蝶，让它在记忆里翩飞远去，永不复返，净化心湖。与绝情无关——唯有淡忘，才能在大悲大喜之后炼成牵动人心的平和；唯有遗忘，才能在绚烂至极之后炼出处变不惊的恬然。自己的爱情应当自己把握，无论是谁，将爱情封锁在两个人的容器里，摆脱"空气"的影响，说不定更是一种痛苦。

【总结与领悟】

爱你的人如果没有按你所希望的方式来爱你，那并不代表他没有全心全意地爱你。有些时候，爱情里确实存在着迫不得已的苦衷。如果真的不能执手偕老，那么放开你的手，让他幸福；如果一定要痛，那么一个人痛就够了。

合适的，才是最好的

这个世界是多维、平行的，不同的人生活在不同维度的空间之中，有些人之间注定一生无法交流、无法沟通，就算命运安排他们

7. 生命中的红线，并不仅仅只有一条

相遇，如果听不到或者根本无法接纳对方的心声，那在一起又有什么意思？

用"维度"来阐述爱情，或许有些人会感到难以理解，那么我们说得更通俗一点，请看下面的例子。

樱花盛开的季节，颇具文艺范儿的学长连续几天弹起他心爱的木吉他，在工科女生宿舍楼下浅吟低唱："我的心是一片海洋，可以温柔却有力量，在这无常的人生路上，我要陪着你不弃不散……"对面文学系的姑娘们眼睛中闪烁着晶亮的光芒，多希望有一位英俊的少年能够为自己如此疯狂，而学长的女神，那位立志成为女博士的姑娘却打开窗，羞涩而坚定地说："学长，你……你可不可以安静一点，我们正准备考试呢。"

这泼冷水的效果丝毫不亚于那句"我一直把你当哥哥（妹妹）看待"。其实被泼冷水的人也不必灰心丧气，不是你不够优秀，只是你爱慕的对象身处在不同的维度。有时候，你爱的人真的并不适合你，他只是你生命中点燃烟花的人，而烟花的美只在一瞬间，如果你非要抓住这瞬间但不属于你的美丽，就会像那条最孤独的鲸鱼"52 赫兹"一样。

"52 赫兹"是一头鲸鱼用鼻孔哼出的声音频率，最初于 1989 年被发现记录，此后每年都被美军声呐探测到。因为只有唯一音源，所以推测这些声音都来自于同一头鲸鱼。这头鲸鱼平均每天游 47 千米，边走边唱，有时候一天累计唱个 22 小时，但是没有回应。鲸歌是鲸鱼重要的通讯和交际手段，据推测，这声音不但可以召唤同伴，在交配季节更有"表述衷肠"的作用。导致"52 赫兹"幽幽独往来的原因，是因为该品种鲸鱼的鲸歌大多在 15 至 20 赫兹，"52 赫兹"

唱的歌就算被同类听到，也不解其意，无法回应。

经营爱情的道理也是一样的，找准处在同一维度的对象很重要。孤独的"52赫兹"如果想找到知音，那么可以去唱给频率范围是20到1000赫兹的座头鲸。如果你还是个纯粹爱情的向往者，不巧倾慕了一位脸蛋漂亮但宁愿坐在宝马车里哭的姑娘，那么还是趁早"移情别恋"吧。找一个适合自己的人来爱，才能够爱得轻松、爱得自在、爱得幸福、爱得愉快。

这也是爱情中一个困难的地方，因为选择适合的对象，第一步就是要认清自己的特质，而我们在想要恋爱的时候，往往只注意打量对方，却忘了看自己。也许对方真的很优秀，但未必与你的特质相融；也许对方与你想象中的完美形象有差距，但难道你自己就没缺点吗？所谓适合自己的人，并不是说就是相对最完美或者条件最好的人，而是那个能与你心有灵犀、相互包容、共同分享人生远景的人。

如果你准备把爱情提升到婚姻的高度，那么这个问题更要谨慎对待，最起码你要确定两个人的人生观相差无几，这是婚姻能否幸福的关键因素。

譬如这样两对夫妇，一对奉行享乐主义，对所有的娱乐和旅游项目都积极倡导，而另一对是谨慎的节约主义者，为防老，为育子，就是坐公车还是考虑是地铁省钱还是大巴省钱。两对夫妇各得其所，日子过得都很甜蜜。但是，我们设想一下，如果把他们的伴侣置换一下，后果又会怎样？恐怕会家无宁日吧。

那么，我们认识很多人，特质各异，哪一个才是适合你的呢？

其实，你是哪种特质没关系，最重要的是他（她）与你的特质

7. 生命中的红线，并不仅仅只有一条

不相悖，你们在人生的理念上是一致的。除此之外，还有一个重要的参考因素，不是脾气，不是性格，也不是谁的爸妈能够做可以依靠的参天大树，而是你能否在对方面前做到真正的放松。

即，你可以在对方面前做到不洗脸、不刷牙，却怡然自乐；你可以肆无忌惮地放声大哭；你可以在满腹委屈的时候在他（她）面前露出不端庄的一面……而这些，他（她）统统都能够接纳、包容。

其实，在爱情这个问题上，没有什么绝对好或者绝对不好的人，只有适合或者不适合你的人。相处是一门很深的学问，他很好，但也许真的不适合你；她也很好，但你真的不适合她。如果是这样，不要做固执的"52赫兹"，闭上眼睛思考一下吧：哪个才是真正适合你的人？

【总结与领悟】

这个世界是多个维度的平行世界，不同的人生活在不同维度的空间当中，有些人是一生都无缘交流，也不可能沟通的，就算命运安排他们相遇，倘若听不到或者不能明白又无法接纳那"52赫兹"的心声，那在一起又有什么意义？

下一个他，或许更适合你

　　人生最怕失去的不是已经拥有的东西，而是失去对未来的希望。爱情如果只是一个过程，那么失去爱情的人正是在经历人生应当经历的，如果要承担结果，谁也不愿意把悲痛留给自己。要知道，或许下一个他（她）更适合你。

　　李雪在花龄之际爱上了一个帅气的男孩，然而对方不像李雪爱他那样爱自己。不过，那时的李雪对爱情充满了幻想，她认为只要自己爱他就足够了，自己只要有爱，只要能和自己爱的人在一起，这一辈子就是幸福的。于是，情窦初开的李雪不顾闺蜜的劝说，毅然决然地嫁给了那个男孩。然而，婚后的生活与李雪对于爱情的憧憬完全是两个样子，从结婚那天起，李雪的幸福就宣告终止了。她的丈夫爱喝酒，只要喝醉了就对她拳脚相加，即便是在外边惹了气，回到家中也要拿她来撒气。两年以后，李雪产下一女，丈夫对她的态度更不如前，就连婆婆也对她骂不绝口，说她断了自家的香火。

　　后来，他俩终日里吵着要离婚，最终李雪忍受不了屈辱，签下离婚协议书，带着不足3岁女儿远走他乡。

　　时已年近30李雪虽然被无情的岁月、困难的命运夺去了昔日的

7. 生命中的红线，并不仅仅只有一条

光彩，却增添了几分成熟女人的韵味，依旧展现着女人最娇艳的美丽。于是，便有媒人上门提亲，据说对方是个会过日子的男人。李雪因为想给女儿一个完整的家，所以当时并没有考虑对方是不是自己爱的人，没有多问就嫁给了那个叫丛宏伟的男人。

过门以后李雪才发现，那个男人长得其貌不扬，而且他的所谓手艺也只是顶风冒雨地修鞋而已。见到丛宏伟的那一刻，别说爱上他了，李雪心中甚至有一种上当受骗的感觉，但是她知道，自己已经没有任何退路了。

然而，就是这样一个不起眼的丑男人，却让她深切体会到了男女之间真正的爱情。

结婚之后，丛宏伟很是宠她，不时给她买些小玩意，一个发夹，一支眉笔……有一次，甚至还给她带回了几个芒果。在以往近30年的岁月中，李雪从来没有用过这些东西，更不用说吃芒果了。

在吃芒果的时候，丛宏伟只是傻傻地看着她，自己却不吃。李雪让他："你也吃。"他却皱眉："我不爱吃那东西，看你喜欢吃我就高兴。"后来，李雪在街上看到卖芒果的，过去一问才知道，芒果竟要20几元一斤，她的眼睛瞬间湿润了。

那么香甜可口的东西他怎么可能不爱吃？他是舍不得吃呀！是为了让她多吃一些啊！

爱情不是一次性的物品，用完了就不能再用。那段逝去的感情或许只是宿命中的一段插曲，那个不再爱你的人应该只是宿命中的过客而已。上天对每个人都是公平的，他为你安排了一段不完美的爱情，或许只是为了了结前世的孽缘，而真正爱你的人，一定会在不远处等着你，只要你不放弃。

其实，现实人生里，大多数人都是经历过无数的失败、挫折才可以找到一个可长相厮守的人。所以，有一天当失恋的痛苦降临到我们身上时，不必以为整个世界都变得灰暗，理智的做法应是给对方一些宽容，给自己一点心灵的缓冲，及时进行调整，用新的姿态准备迎接在不远处等着你的那个人。

【总结与领悟】

你曾经不被人所爱，你才会珍惜将来那个爱你的人。去感谢那个抛弃你的人，为他祝福，因为他给了你寻找幸福的机会，也让你知道了爱情的滋味。

8.
让你痛苦的人，
才是真正成就你的人

生命是一次次蜕变的过程，唯有经历各种各样的折磨，才能使人生得到升华。如果你已经取得了一些成绩，只要回想一下就会发现，真正促使你进步、成功的，不单是你自己的能力，不单是朋友和亲人的鼓励，更多的是生命中那些折磨过你的人。

鞭笞你的人让你痛苦，
但同时也是在鞭策你前进

我们应该感谢来自别人的鞭策，因为它让我们能在些许微痛中看清自己的弱点，能更好地读懂人性，能更深刻地明白世事。

不顺和挫折，会让人清醒，让人警觉，不至于在庸碌的生活中太不思上进，不至于在琐碎的事务中太迷失自己。

生命是一个不断蜕变的过程，有了鞭策，它才能进步，才能得到升华。

电影《卧虎藏龙》获国际大奖后，演员章子怡接受一家媒体记者采访时讲述了这样一些细节。

在拍摄电影《卧虎藏龙》之前，章子怡没拍过武侠片和古装戏，能否演好这个富有挑战性的全新角色，她感到压力很大。在新疆的拍摄现场，每当章子怡拍完一个镜头后，她就观察导演李安的反应。可李导没有任何表情，只盯着监视器抽闷烟，对章子怡的表演既不肯定给予表扬，也不否定给予指正。李导发现章子怡注视他时就狠狠地瞪了她一眼。渴望得到李导表扬的章子怡当时心里很难过，她只希望李导能真实地对她的表演给一个评价，哪怕是只言片语。

8. 让你痛苦的人，才是真正成就你的人

令章子怡羡慕不已的是，和她一起拍电影的杨紫琼，每表演好一个出色的镜头后，李导就会由衷地拍拍她的肩膀或轻轻地抱她一下，说杨紫琼很厉害。那段时间，在恶劣的自然环境下拍电影很艰苦，身体的劳累并不苦，自己的表演得不到认可，章子怡心里很痛苦。电影拍到最后，章子怡的表演有了很大的进步，李导对她说："我看得出你很努力，你今后碰到好戏都要有这样的努力才是。"说完这句话李导抱了章子怡一下，拍了拍她的肩膀。在拍摄《卧虎藏龙》五个月的时间里，李导就抱了章子怡那一次。当时章子怡哭了，她终于明白了李导的良苦用心。

毫无原则的表扬和肯定，往往会扼杀长久的努力和进步。能有人鞭策自己，可说是莫大的幸福。人都是有惰性的，都喜欢待在自己的舒适的安乐窝里，唯有在不断的鞭策下，才能取得更大的进步。同时，也会更加明白自己的缺点，进而加以改正，圆满自己的人生。作为正在不断成长、要求进步的我们，一定要懂得鞭笞的可贵，要进步到"闻过则喜"的地步，这样，成长将不可估量。

【总结与领悟】

耳中常闻逆耳之言，心中常有拂心之事，才是进德修行的砥石。若言言悦耳，事事快心，便如同把此生埋在鸩毒中矣。我们应该感谢来自别人的鞭策，所有的不满和指责，都只是为了让我们更加坚韧豁达，都只是为了让我们更快地进步和成长。

如果没有那些批评的声音，
你人生的高度不会得到提升

　　批评的话的确没有赞美的声音顺耳，但它能让人时刻警醒自己。倘若当年没有魏徵的直谏，或许大唐盛世就不会那么早来临。可纵然心胸宽阔如唐太宗，亦曾扬言要杀魏徵，可见接受批评真的不是一件容易的事。

　　可是，如果没有那些批评的声音，如果不论做什么别人都奉承你是"对的"，那么，你的骄纵自满必然会油然而生，你的人生的高度便不会再得到提升。所以，感谢批评你的人吧：正是因为有了批评的声音，在人生路上我们才走得更稳健；我们才懂得舍取、学会理智、学会包容，也更加珍惜赞美。感谢所有批评你的人吧，因为他们指出了你的缺点和不足，因为他宁可伤你一时，也不愿害你一生。

　　李婉刚从大学毕业的时候，在一个离家较远的公司上班。每天清晨7时，公司的专车会准时等候在一个地方接她和她的同事们去上班。

　　一个骤然寒冷的清晨，尖锐的闹钟铃声骤然响起，李婉伸手关

8. 让你痛苦的人，才是真正成就你的人

闭了吵人的闹钟，打了个哈欠，转了个身又稍微赖了一会儿暖被窝。那一个清晨，她比平时迟了一会儿起床，当她抱着侥幸的心理，匆忙奔到专车等候的地点时，已经是7点5分，班车开走了。站在空荡荡的马路边，她茫然若失，一种无助和受挫的感觉第一次向她袭来。

就在她懊悔沮丧的时候，突然看到了公司的那辆蓝色轿车停在不远处的一幢大楼前。她想起了曾有同事指给她看过那是上司的车，她想真是天无绝人之路。她向那车走去，在稍稍犹豫后打开车门悄悄地坐了进去，并为自己的聪明而得意。

为上司开车的是一位慈祥温和的老司机。他从反光镜里已看她多时了，这时，他转过头来对她说："你不应该坐这车。"

"可是班车已经开走了，不过我的运气真好。"她如释重负地说。

这时，她的上司拿着公文包飞快地走来。待上司习惯性地在前面的位置上坐定后，她才告诉他说："对不起，班车开走了，我想搭您的车子。"她以为这一切合情合理，因此说话的语气充满了轻松随意。

上司愣了一下，但很快坚决地说："不行，你没有资格坐这车。"然后用无可辩驳的语气命令，"请你下去！"

她一下子愣住了——这不仅是因为从小到大还没有谁对她这样严厉过，还因为在这之前她没有想过坐这车是需要一种身份的。就凭这两条，以她过去的个性定会重重地关上车门以显示她对小车的不屑一顾，而后拂袖而去。可是那一刻，她想起了迟到对她意味着什么，因为她那时非常看重这份工作。

于是，一向聪明伶俐但缺乏生活经验的她变得从来没有过的软

弱，她用近乎乞求的语气对上司说："我会迟到的。"

"迟到是你自己的事。"上司冷淡的语气没有一丝一毫的回旋余地。

她把求助的目光投向司机，可是老司机看着前方一言不发。委屈的泪水充满了她的眼眶，她强忍住不让它们流出来。

车内一下子陷入了沉默，她在绝望之余为他们的不近人情而伤心。他们在车上僵持了一会儿。最后，让她没有想到的是，那位上司打开车门走了出去。坐在车后座的她，目瞪口呆地看着有些年迈的上司拿着公文包，在凛冽的寒风中挥手拦下一辆出租车，飞驰而去。泪水终于顺着她的脸颊流了下来。

老司机轻轻地叹了一口气："他就是这样一个严格的人。时间长了，你就会了解他了。他其实也是为你好。"

老司机给她说了自己的故事。他说他也迟到过，那还是在公司创业阶段，"那天他一分钟也没有等我，也不要听我的解释。从那以后，我再也没有迟到过。"

李婉默默地记下了老司机的话，悄悄地拭去泪水，下了车。那天她走出出租车踏进公司大门的时候，上班的钟声正好敲响。

从这一天开始，她长大了许多。

仔细想想，能让你长久地记住的，恰恰是那些真正批评过你的人，因为他们是真心地对你好，真心地想帮助你。所以，当别人批评你时，你应该为此而高兴，因为他无偿地告诉了你现在正处于什么样的位置，你应该怎么做才是更好的，对于这样一个收获，你难道不应该向批评你的人表示感谢吗？

8. 让你痛苦的人，才是真正成就你的人

【总结与领悟】

诚然，人的本性是喜欢赞美而不喜欢批评的，但是人们更看重的是你的成绩而并非你的面子，在你还没有取得任何成绩之前，你的面子没有任何价值！感谢批评你的人吧，是他们让你成长，让你进步的。

每经历一次伤害和打击，
你就会迎来一次成长

人活着，就会有很多的伤害，这就是实实在在的生活。是无数的伤害与被伤害，让我们成长，让我们懂得什么是生活。

不要害怕伤害，也不要憎恨曾经伤害过你的人，因为，是他们，告诉了我们什么是生活，是他们，教会了我们如何成长，是他们，让我们变得更加坚强。

南非前总统曼德拉被誉为"20世纪最杰出的民族解放运动领导者之一"，也是最有声望的政治人物之一，而这一切都离不开他痛苦坎坷而传奇的经历。

1962年,因创建军事组织"民族之矛",曼德拉被南非政府以煽动罪和非法越境逮捕,判处5年监禁。那一年,曼德拉刚刚43岁。5年的时间不是很长,何况曼德拉早就做好了入狱的准备,他对此并未悲观。到了1964年,情况急转直变,南非当局认为曼德拉领导的组织有企图暴力推翻政府的嫌疑,这样一来,他的罪名就很重了。结果,他被南非当局改判无期徒刑。无期徒刑,意味着一辈子都要被监禁,这对于任何人来说都是难以承受的,然而到了这时曼德拉仍然很豁达,在他看来,虽然是含冤入狱,但结果已经无法改变,最好的方法就是坦然面对。

　　可想而知,狱中的生活是多枯燥乏味,他在狱中也遭受到非人的折磨。每天,曼德拉只有一个小时的放风时间,其余23个小时,曼德拉都被关在没有光线、没有书籍的单独房间中,他被人为地完全孤立了。但曼德拉一直顽强地忍受着,始终没有放弃"建立一个自由平等,没有种族歧视的新南非"的理想。

　　见曼德拉如此坚强,南非当局又将他转入罗本岛上的监狱服刑,并经常让他去采石场当苦力。虽然如此,但曼德拉依然坚强不屈,他想办法申请到一块菜园,自己种地。他这样做,一是为了缓解自己的痛苦;二是因为他始终坚信自己能够重获自由,但他没想到那时自己已经疾病缠身,毕竟多年的狱中生活很容易拖垮人的身体。此外,曼德拉还每天坚持跑步,做俯卧撑,尽可能地保持身体的强健。

　　为了彻底摧垮曼德拉的精神,南非当局甚至禁止家人探视曼德拉,这一禁令整整持续了21年,直到1984年,南非当局才首次同意让曼德拉夫人与其进行接触性探视。两人一见面,就紧紧地拥抱

8. 让你痛苦的人，才是真正成就你的人

在一起，曼德拉像是梦呓一般地说："这么多年了，我终于再次拥抱了我的妻子。算起来，我已经有21年没有碰过我夫人的手了。"

非人的折磨并没有击倒曼德拉，他依靠强大的意志力征服了种种困难，最终赢来了自己的成功。1990年，南非政府宣布无条件释放曼德拉，这个时候的曼德拉已经赢得了所有南非人民乃至全世界人民的敬仰。翌年，曼德拉当选为南非总统。在总统就职仪式上，曼德拉情真意切地说道："当我走出囚室，迈出通往自由的监狱大门时，我已经清楚，自己若不能把悲痛与怨恨留在身后，那么我其实仍在狱中。"

人生时常是这样，就如潮起潮落的海水，一浪紧接着一浪。对于伤害，有时我们无法躲避，就只能学会去承受，去忍耐。在经历一次又一次的考验和无数的伤害后，我们的心开始不再脆弱。于是才发现，这正是一种成长的过程，教会我们在困难中坚持与忍耐，教会我们在低落时看到未来与希望。

同时，请放下心中的怨念，宽恕那些曾经伤害过你的人，因为这些伤害丰富了你的阅历，圆满了你的人生。伤害也是成长的一部分，我们都要经历。

【总结与领悟】

感谢所有伤害过我的人们吧！是他们使我们的境界更加高远，更加珍惜每一个温暖心灵的瞬间。不要去恨他们，要感谢他们，因为这发自内心的感谢，表明你成熟而坚强的心，可以经得起人生路上的任何风暴。

如果不是当初的羞辱，或许你还在原地踏步

男孩出生在一个贫寒的家庭。父亲过早地撒手人寰，只留下嗷嗷待哺的他与母亲相依为命。那个可怜的母亲是个只会打零工的女人，她爱自己的孩子，也想给孩子好一点的生活，但她确实没有那个能力，她每个月只能拿到不足30美元的工钱。

有一次，男孩的班主任让班上的同学们捐钱，男孩觉得自己与其他人没什么差别，他也想有所表现，于是拿着自己捡垃圾换来的3美元，激动地等待老师叫他的名字。可是，直到最后，老师也没有点他的名字。他大为不解，便向老师问个究竟，没想到，老师却厉声说道："我们这次募捐正是为了帮助像你这样的穷人，这位同学，如果你爸爸出得起5元钱的课外活动费，你就不用领救济金了……"男孩的眼泪瞬间流了下来，他第一次感到那么的屈辱与委屈，打那天以后，男孩再也没有踏进这所学校半步。

三十年弹指一挥间，这位名叫狄克·格里戈的男孩如今已经成了美国著名的节目主持人。每每提及此事时，他总是会说："经由这盆冷水的冲刷，我的梦想将会更明朗，信念将会更加笃定。"

一个人如果能把羞辱化为动力，顽强地站起来，就能活得更有

8. 让你痛苦的人，才是真正成就你的人

尊严，取得最后的胜利。而且，当你再回头望过去时，你会认识到，要是没有从前的羞辱，就不会有你日后的努力和成功。

美国地产大王哈利曾经是一名工厂的机器清洗工，由于日常清洗机器时，工作服经常会沾上机油，以致衣服上留下了斑斑点点的洗不掉的油污渍。他万万没想到，就因为他的工作服有些污渍，竟经受了一次耻辱。

那天，他下班后去一家商场挑选了一些日用品。当他在收银台前排队的时候，前面一名也在排队的妖艳女人回头看到他的衣服有污渍时，竟认为很脏，捂着鼻子走开，把本来想买的东西随地一扔就走出了商场。哈利虽然感觉受到侮辱，但是没表现出来。

约一分钟后，又有个女人提着购物篮走过来排队，刚走到哈利身后时，凑巧也看到他身上的油渍，她就突然走开了。

哈利觉得这两个女人都装模作样，假装高贵。他知道，他的衣服虽然有点污渍，但每天都洗过，其实并不脏。他想，因为工作的关系，不可能一下班就换成西装革履，这些女人也真没修养。

正当他边想边排队，快轮到他结账的时候，商场的保安突然走过来把他拉了出去。

他质问保安："为什么这样对待我？"

保安说："商场有规定，谢绝衣服不干净的顾客入内，而且刚才有人向商场投诉了你。"

尽管他理直气壮地跟保安辩论，但还是被赶了出来。围观的人很多，他觉得这是有生以来受到的最大的侮辱。

那天晚上，他失眠了。他含泪发誓，一定要努力拼搏，再也不让人"瞧不起"。从第二天开始，他每天除了吃喝拉撒，全部时间都

用来工作。下班后马上到附近一家餐厅做洗碗工。

由于他的敬业，三个月后，他被提拔为清洗车间经理。一年后，他有了一些积蓄，便联合了一位朋友开了一家商场。他想，在哪里跌倒，就要在哪里爬起来。他要让他的商场成为穷人的购物天堂，所以他规定，凡是工厂里的工人，只要凭工作证，都给予8折优惠。

果然，他如愿以偿。后来，哈利有了大笔资金后。又涉足房地产。终于在10年后拥有两亿美元的个人资产，成为美国的地产大王。

这不仅让人想起一首诗：

"我相信有一天／我流过的泪将变成花朵和花环／我遭受过千百次的遍体鳞伤／将使我一身灿烂……"

有些时候，我们真的应该感谢曾受过的"羞辱"，因为人无压力轻飘飘，不经激励不发愤。一个人，如果能坦然面对别人的耻笑或侮辱，心就有了一层进步，如果能把这些耻笑和侮辱化为动力，总有一天会让曾经笑话自己的人对你刮目相看。

【总结与领悟】

在歧视与羞辱面前，弱者，只会徒劳地发发牢骚，或是一蹶不振。而内在力量强大的人，却将它化成一股奋进的动力，鞭策、磨砺自己，努力、努力、再努力地证明自己，这是对羞辱最好的回应。

8. 让你痛苦的人，才是真正成就你的人

对手，成就你的另一只手

人生需要朋友，更需要对手，朋友能够帮助你，而对手更多时候则是在折磨和攻击你，但是这种攻击实际上也是我们生活历练的一部分，也是促进个人成长的一个动力。往往对手越是优秀，那么他对你的激励作用也就越明显，他对你人生的促进作用也就越大。

小镇上有一个名叫费舍尔的年轻人，他开了一家杂货店，这店铺是他们家祖传的，从他爷爷那辈就开始经营。总而言之，这间小小的杂货店虽然不起眼，却一直被费舍尔视为"珍宝"。费舍尔诚实守信、买卖公道、童叟无欺，因而他的店铺在小镇上拥有不错的声誉。完全可以这么说，费舍尔的铺子对镇上的居民而言，简直就如手足一般，是不可或缺的。费舍尔本人并没有什么野心，他甚至没想过有朝一日要赚大钱，他只希望这家老店能够传承下去。他的儿子在慢慢长大，这间小铺子很快就会有新的接班人。

可是有一天，一个外乡人笑嘻嘻地来拜访费舍尔，让人不愉快的事情发生了！

外乡人表示，他准备买下这间铺子，并要求费舍尔报个价钱。

费舍尔当然舍不得。就算是给出再多的价钱也不会卖！要知道，这间铺子可不仅仅是生意那么简单，它代表的是事业，是遗产，是信誉！

外乡人耸耸肩，一脸奸笑地说："抱歉，我已经买下了街对面那幢空房子，好好装修一遍，再进些上好的货品，价位定得低一些，到那时你没生意可不要后悔！"

就这样，费舍尔眼见对面贴出了翻新告示，又见一些木匠、漆匠在里面忙得不亦乐乎，他的心跌到了谷底！对面新店开业以后，费舍尔的生意果然一落千丈，因为对方的货物样式新、价格低，客人都被抢了去。看来，外乡人是有心要挤垮费舍尔的老店。

不能再任其发展下去，费舍尔决定予以还击。可是，如何才能打退对手呢？在经营中费舍尔曾经发现，每每他把一些商品摆在门口甩卖时，人们的兴趣总是格外浓厚，他们喜欢挑来挑去，然后买走所需的东西，这使费舍尔产生了一个新想法——对店铺进行大改革，这是他从未想过的事情。说做就做，费舍尔找来几个木匠制作了一排货架，随后又进城采购了许多货品，然后分门别类地将其摆放在货架上，并在相应的货品下贴上价签，他撤掉了老式柜台，只在门口摆了张桌子收款。如此一来，人们就可以自由地挑选自己喜爱的货物。这一改革在小镇引起了轰动，人们一窝蜂地跑道费舍尔的店里买东西，费舍尔获得了成功，而那个外乡人，只得卷铺盖走人了。后来，费舍尔又将自己的新店经营模式推广到城里，结果他很快就成为了一个有名的富人。

在社会生活中，这种对抗竞争每天都在上演。我们总是和自己

8. 让你痛苦的人，才是真正成就你的人

的对手纠缠不清，也常常为此感到苦恼，但通过这种竞争和对抗，我们会发现对手越是强大，自己所能获得的进步或成功也就越大。这样的情形在生活中很常见，其实有很多成功人士都拥有一个成功的对手，许多伟大的人物都有一个伟大的对手。

对手于我们而言，是风，是雨，虽然会带给我们些许痛苦，但风雨过后，会有绚丽的彩虹！对手于我们而言，是敌，是师，亦是友，没有他，就没有你的彩虹！因为是对手成就了你的另一只手，即你成功的援助之手！

【总结与领悟】

纵览古今，多少人因为"没有对手"而狂妄自大、不思进取，最终被淹没在历史的尘流之中！西楚霸王项羽，力拔山、气盖世，统领诸侯，睥睨天下，莫与争锋，终因不听谋士言，小觑刘邦，落得个乌江自刎的下场；世界重量级拳王泰森，职业生涯击败过无数对手，却为鲜花和掌声所麻痹，最终身陷囹圄。他们的失败，只能说是败给了自己，因为在他们眼中，已然再没有对手。

让你痛苦的，才是真正成就你的

惧怕孤独的人，容易在依附中丧失自我，独立的人虽然可能会孤独，但却能够活出生命的真意。

依附是将自我彻底埋没，在经营人生的过程中，它是一场削价行为。生命之本在于自立自强，人格独立方能使生命之树长青。依附他人而活，就算一时能博得个锦衣玉食，也不会安枕无忧，一旦这个宿主倒下，你的人生就会随之轰然倒塌。

依附，对于某些人来说是一种生活的无奈，对于某些人来说是一种"好风凭借力，送我上青云"的所谓捷径，但无论如何，你要有自己站着的能力，否则就算有人真的愿意将你推向高峰，你也不可能在那挺立下去。在这个充满竞争的时代中，我们应该丰盈自己的思想，内心装满生存技能，才不至于一败涂地。所以，不要一直幻想着天降贵人，自己才是一切问题的关键，在时间的流逝里，我们所能依赖的莫过于自己。

17岁那年，父母很认真、很正式地找他谈了一次话。他们说："明年，你就18岁了，是真正意义上的成年人了。一个成年人必须独立。以后你有了工作，挣了钱，不需要给我们，我们不需要你养

8. 让你痛苦的人，才是真正成就你的人

活，但你必须养活自己。"这一番话，一直深深地刻在他的脑海之中，他时刻不敢忘记。

上了大学以后，他开始勤工俭学，自给自足，真的没有再向家里要过一分钱。那个时候，他懂得了生活的不易，也认清了自己的能力。

他的第一份勤工助学工作是清扫楼道，这是宿管阿姨介绍给他的。每天5点左右，他便起床洗漱，然后开始近一个小时的工作，当他第一次拿到300元的报酬时，他简直是欣喜若狂，钱虽不多，但毕竟是凭自己的双手挣来的。

到了大一的第二学期，他的生活更加忙碌了，为了凭自己的能力攒足学费，他又向学校申请去牛奶部去送牛奶。每天天还没亮，他就得悄悄起床，要赶在大家起床之前，将还带着温度的牛奶送到同学们手中，然后，他还要去清扫楼道。

周末的时候，他要去做兼职家教，有时甚至要跑到离学校几十公里外的小镇上去。为了对别人的孩子负责，他非常认真和投入，也赢得了众多家长的好评和肯定。

他辛辛苦苦赚来的钱，主要是为了支付学费，用在吃饭上，他就觉得有点舍不得了。于是，他又跑到食堂，向负责人求情，希望能在这里打一份工，而报酬就只是免费的一日三餐。打这以后，他又像个家庭主妇一样，每次开饭，系上围裙，手拿铁盆，细心地收拾餐具，擦干净桌椅。一开始，他还有点难为情，总是千方百计地躲避熟人，但慢慢地，他也就习惯了。

3年多的时间，他硬是靠着扫楼道、送牛奶、食堂打杂、做家教以及奖学金，以优异的成绩完成了学业，并被学校评为"励志之

星",即将毕业的时候,有多家大公司主动来到学校抢他。如今,他已经在一家大型企业当上了副总经理。

　　回想起在他即将成年时父母给他下的"最后通牒",他至今仍备感亲切并充满感谢。

　　自食其力,多么简单、朴素的道理,但又有几个父母做得到,又有几个人愿意自食其力呢?如果一个人能够尽早懂得在人格上自尊独立的道理,就会形成一种无形的压力和紧迫感,并将之转化为一种动力,迫使自己不断地去学习、去进步,从而获得谋生的真本事。虽然这个过程可能有点痛苦,有点孤独,但却是成长的必要一课。

　　她的父母都是普通工人,但他们深知知识的重要性,所以对女儿寄予了极大的期望,而懂事的女孩也立志要考上一所好大学,给父母争口气。

　　然而不幸却毫无征兆地降临到这个家庭。她6岁那年,父亲在加夜班时被铁屑伤到了眼睛,左眼失明了;11岁那年,父亲因肾积血手术摘掉了左肾,再也无法从事繁重的体力劳动了;上初一那年,母亲下岗了,家里唯一的经济来源就只是父亲每月200元的工伤补助。对她来说,那段时间的天空都是灰色的,连空气似乎都变得特别压抑。这样的一个家,已经无力去培养孩子,她毅然决定:去打工,自己供自己上学!

　　她从同学那借来50元钱,去批发市场进了一些小装饰品,准备利用午休时间在校门口摆个小摊子。没想到,看似简单的事情待到自己要做时,却是那么的艰难。那天,她竟没有胆量从包里拿出货物。可是如果这些饰品卖不出去,就连向人借来的50元钱都无法偿

8. 让你痛苦的人，才是真正成就你的人

还了！

第二天中午，她选了一个离学校稍远一些的地方，摆好货物，却怎么也张不开嘴，吆喝不出来。好半天以后，有个同学走了过来，问她："这东西是卖的吗？"她急忙点了点头。那天，她赚了1毛钱，这是她赚到的第一个1毛钱。她深深地体会到了父母的艰辛。

这个月，她一共赚了80多块钱，她用25块钱买了一本向往已久的《百年孤独》。走出书店的那一刻，她觉得天是那样的蓝，空气中也充满了清新的味道。回到家以后，父亲吃惊地问她钱是从哪儿来的，她这才道出了实情。父亲什么也没说，但他的嘴角在不停地颤抖，他是在努力控制自己的情绪。一个星期以后，父亲开始在夜市上摆地摊卖货，他是在用行动无声地对女儿表示鼓励。

就这样，依靠着自食其力，她一直坚持没有辍学，并且以高考作文满分，总分600分的好成绩，考上了哈尔滨工程大学。

这个女孩叫曹姝嫒，18岁时，她被批准加入中国共产党。她感恩社会，全心全意地回报社会。2006年大学毕业后，她把自己第一年积攒的6000元钱，捐助给了一位特困高考生。参加工作后，她先后被评为优秀共产党员和优秀共青团干部。

应该说曹姝嫒是不幸的，因为不幸从小就纠缠着她；应该说曹姝嫒也是幸运的，因为正是那些不幸让她认识了生活。

幸福与美好固然可爱，然而苦难与坎坷亦不可憎。如今太平盛世，春风浩荡，享乐不尽。又有谁不喜欢这无尽的欢乐呢？相比先辈们，这一代人是幸运的，但在这幸运之中是否该有些忧患意识呢？不要让时代宠坏了我们，不要让自己越发脆弱。苦难中

的奋斗也许是孤独无助的，但却能够锻造我们的意志品质和精神力量。

【总结与领悟】

在人生的关键阶段，那些"逼迫"我们成长、成熟的人，才是真正为我们前途着想、真正爱护我们的人。如果他们不向我们发出自食其力的"最后通牒"，那么，复杂的社会早晚也会向我们发出更为严苛的"最后通牒"。道理很简单，没有人可以替你支撑一生，你的一生只能由自己负责。

9.
对于曾经伤害你的人，最好的态度是宽恕

　　记恨最大的坏处，是拿痛苦来继续折磨自己，把人格弄得越来越扭曲。而拥有宽容，能使你拥有别人所不能拥的东西。当宽容成为一种品性时，生命算是达到了极致。

深藏于心的恨，最终报复的是自己

蜂房里的蜂后从海米德斯山飞上夏林比斯山，把刚从蜂房里取出来的蜜献给天神。天神对蜂后的奉献很高兴，就答应给它所要求的任何东西。

于是蜂后请求天神说："请您给我一根刺，如果有人要偷我的蜜，我便可以刺他。"

天神很不高兴，因为他很爱人类，但因为已经答应了蜂后，不便拒绝它的请求，于是天神回答蜂后说："你可以得到刺，但那刺会留在对方的伤口里，你也将因为失去刺而死亡。"

对于伤害你的人，你可以适当地给他一点警告，但不要变成疯狂的报复，这样你就从受害者变成了施害者，而且还会两败俱伤。

仇恨，一定要控制，仇恨是埋在心中的火种，如果不设法将其熄灭，必然会烧伤自己。有时候，即便自己已经灼烧成灰，对方却依然毫发无伤。

很早以前，有一位宫廷画师因作画讽刺当权重臣，惨遭杀害。

多年以后，画师的儿子长大成人，他得父亲遗风，在作画方面颇具几分才华。但是，因为知道那位重臣仍对当年往事耿耿于怀，

9. 对于曾经伤害你的人，最好的态度是宽恕

为求安然，他每天只低调地在画市上以卖画为生。

无巧不成书，偶然一次，那位重臣的独子在逛画市时，偏偏看中了他的一幅画。见此，他傲慢地将画盖住，声称这是"非卖品"。看着对方失望远去的背影，一种报复的快感在他心中油然而生。

三日后，重臣亲自到访，再三请求画师的儿子将画卖给自己，并且随他定价，因为那公子为这幅画，已经不吃不喝、不眠不休地折腾三天了！画师的儿子断然拒绝，他要充分享受报复带来的快感，他感觉压制已久的仇恨终于得到了些许释放。

翌日清晨，画师儿子起床以后，照例铺纸作神像画——这是他多年养成的习惯，每日起床，必先画一尊自己所敬重的神。画着画着，他的手突然停住了。

"这神像怎么……怎么有些眼熟？可是到底像谁呢？"他停笔想了很久，突然失声惊叫："竟然是他！竟是我的杀父仇人！"

随即，他发疯一般地将画撕得粉碎，口中大呼："我内心的恨，最终报复了我自己！"

"恨"是一种极其狭隘的负面情绪，将仇恨埋在心中须臾不忘，就会一直遭受仇恨的折磨，时时想着"报仇雪恨"，人生又怎能过得轻松？

仇恨常常左右人们的理智，使人们对复杂多变的形势做出错误的分析和判断。一个被仇恨左右的人，常会使亲者痛，令仇者快。心中放不下仇恨的人，一定是不成熟的人。因为聪明的人一定会懂得在选择、判断时，摒除外界因素的干扰，采取理智的做法。

三国时，曹操历经艰险，在平定了青州黄巾军后，实力增加，声势大振，有了一块稳定的根据地，于是他派人去接自己的父亲曹

嵩。曹嵩带着一家老小40余人途经徐州时，徐州太守陶谦出于一片好心，同时也想借此机会结纳曹操，便亲自出城迎接曹嵩一家，并大设宴席热情招待，连续两日。一般来说，事情办到这种地步就比较周到了，但陶谦还嫌不够，他还要派500士卒护送曹嵩一家。这样一来，好心却办了坏事。护送的这批人原本是黄巾余党，他们只是勉强归顺了陶谦，而陶谦并未给他们任何好处。如今他们看见曹家装载财宝的车辆无数，便起了歹心，半夜杀了曹嵩一家，抢光了所有财产跑掉了。曹操听说之后，咬牙切齿道："陶谦放纵士兵杀死我父亲，此不共戴天之仇！我要尽起大军，血洗徐州。"

随后，曹操亲统大军，浩浩荡荡杀向徐州，所过之处无论男女老少，鸡犬不留。吓得陶谦几欲自裁，以谢罪曹公，救黎民出水火。然而，事情却突然发生了骤变，吕布率兵攻破了兖州，占领了濮阳。怎么办？这边父仇未报，那边又起战事！如果曹操此时被复仇的想法所左右，那么，他一定看不出事情的发展趋势，也察觉不出情况的危急。但曹操毕竟是曹操，他是一个十分冷静沉着的人，也是一个非常会控制自己情绪的人。正因如此，他立刻分析出了情况的严重性——"兖州失去了，就等于断了我们的归路，不可不早做打算。"于是，曹操便放弃了复仇的计划，拔寨退兵，去收复兖州了。

同是三国枭雄，反观刘备，只因义弟关羽死于东吴之手，便不顾诸葛亮、赵云等人的劝阻，一意孤行，杀向东吴。最终仇未得报，又被陆逊一把火烧了七百里连营，自感无颜再见蜀中众臣，郁郁死于白帝城，从此西蜀一蹶不振。

曹操显然要比刘备冷静得多，他面对骤变的局势，思维、判断没有受到复仇心态的任何影响，所以他才能够摆脱这次危机，保住

9. 对于曾经伤害你的人，最好的态度是宽恕

了自己的地盘和势力。

理易清，仇则易乱。我们做人，若说尽去七情，洗净六欲，显然是不现实的，但放宽情怀，尽量避免为情绪所控制其实并不是什么难事。忘记仇恨，这是一个明智的做法。如果你还没有学会遗忘，你就应该要求自己，不去仇恨别人。

【总结与领悟】

表面的激烈是由于内心的单薄，真正的力量如同流水一般沉静。淡忘仇恨，同时也是解放了自己，与其因为愤恨而耗尽自己一生的精力，时时记着那些伤害你的人和事，被回忆和仇恨所折磨，还不如淡忘它们，把自己的心灵从禁锢中解脱出来。

有一种默默无闻的高贵，叫宽容

一个长辫子姑娘刚挤上公共汽车，就觉得自己的辫子被后边的人拽住了，她使劲拉了拉，拉不动，于是猛地转身，给了后边那人一记响亮的耳光！

那是个穿着军装的小战士！他没吭声，只是红着脸笑笑，于是

姑娘更加生气，骂了句"流氓"，挥手又是一个耳光，小战士依然没生气，只是脸更红了，随即指了指车门——原来，姑娘的长辫子是被车门夹住的。姑娘的脸突然间红了，可一时语塞，偏偏一句话也说不出来。小战士没说什么，只是看着她，微微地点了点头，表示谅解。而且，可能是为了不让姑娘难堪，在下一站小战士就下车了。姑娘看着小战士下了车，正要远去的背影，眼泪不自主地流了下来。她突然快步来到车门前，在车门快要关闭的那一刻冲下了车。

后来，这个姑娘成了一名军嫂。

有一种高贵是默默无闻的！也正因为如此，它才格外惊心动魄！智者常常告诫弟子们，"比丘常带三分呆"，是要弟子们做大智若愚之状，凡事不要太计较，即使遭到了别人的无礼也要宽恕他们，因为宽恕别人，也是升华自己。

20世纪50年代，台湾的许多商人知道于右任是著名的书法家，纷纷在自己的公司、店铺、饭店门口挂起了署名于右任题写的招牌，以招徕顾客。其中确为于右任所题的极少，赝品居多。

一天，一学生匆匆地来见于右任，说："老师，我今天中午去一家平时常去的小饭馆吃饭，想不到他们居然也挂起了以您的名义题写的招牌。明目张胆地欺世盗名，您老说可气不可气？"

正在挥毫书写的于右任"哦"了一声，放下毛笔，然后缓缓地问："他们这块招牌上的字写得好不好？"

"要是好，我也就不说了。"学生叫苦道，"也不知他们在哪儿找了个新手写的，字写得歪歪斜斜，难看死了。下面还签上老师您的大名，连我看着都觉得害臊！"

"这可不行！"于右任沉思片刻，说道，"你说你平时经常去那

9. 对于曾经伤害你的人，最好的态度是宽恕

家馆子吃饭，他们卖的东西有啥特点，铺子叫个啥名？"

"那是家面食馆，店面虽小，饭菜都还做得干净。尤其是羊肉泡馍做得特地道，铺名就叫'羊肉泡馍馆'"。

"哦……"于右任沉默不语。

"我去把它摘下来！"学生说完，转身要走，却被于右任喊住了。

"慢着，你等等。"

于右任顺手从书案旁拿过一张宣纸，拎起毛笔，唰唰在纸上写下了几个字，然后交给恭候在一旁的学生，说道："你去把这个东西交给店老板。"

学生接过宣纸一看，不由得呆住。只见纸上写着笔墨酣畅、龙飞凤舞的几个大字——"羊肉泡馍馆"，落款处则是"于右任题"几个小字，并盖了一方私章。整个书法作品，可称漂亮之至。

"老师，您这……"学生大惑不解。

"哈哈。"于右任抚着长髯笑道，"你刚才不是说，那块假招牌的字实在是惨不忍睹吗？这冒名顶替固然可恨，但毕竟说明他还是瞧得起我于某人的字，只是不知真假的人看见那假招牌，还以为我于大胡子写的字真的那样差，那我不就亏了吗？我不能砸了自己的招牌，坏了自己的名声！所以，帮忙帮到底，还是麻烦你跑一趟，把那块假的给换下来，如何？"

"啊，我明白了。学生遵命。"转怒为喜的学生拿着于右任的题字匆匆去了。就这样，这家羊肉泡馍馆的店主竟以一块假招牌换来了当代大书法家于右任的墨宝，喜出望外之余，他难免有惭愧之意。

宽恕，亦是一种净化。当我们手捧鲜花送给他人时，首先闻到

花香的是我们自己；而当我们抓起泥巴想抛向他人时，首先弄脏的却是我们自己的手。

宽恕别人并不困难，但也不容易，关键是看我们的心灵是如何选择的。

【总结与领悟】

需要证明的真理只是半个真理。沉默有时并不是软弱，而是一种默默无闻的高贵，它没有任何言语，却迸发出极大的威力，促使人自觉地认识到自身的错误，同时也给了他人自省的机会，保护了他人的自尊心。这种沉默，是一种润物细无声的爱。

如果有人伤害了你，请一如既往的善良美好

有一天，玛莎老师叫班上每个孩子都带个大袋子到学校，她还叫大家到超市买来几袋马铃薯。第二天上课的时候，玛莎老师叫大家给自己不愿意原谅的人选一个马铃薯，并将这人的名字以及犯错的日期都写在上面，再把马铃薯丢到自己的袋子里，这是孩子们这一周的作业。

9. 对于曾经伤害你的人，最好的态度是宽恕

第一天，孩子们还觉得蛮好玩的。快放学的时候，约翰的袋子里已经有了 8 个马铃薯了——妮萨说我新理的头发很丑，文斯用橡皮打了我的头，汉姆在丽莎面前说我的坏话……每件事都让约翰耿耿于怀，他发誓绝不原谅这些人。

下课时，玛莎老师告诉孩子们，在这一周里，不论到哪儿都要带着这个袋子。孩子们扛着袋子到学校、回家，甚至出去玩也不例外！一周以后，那袋马铃薯就变成了相当沉重的负担，约翰已经装了差不多 50 个马铃薯在里面了，真快把他压垮了。

新一周的第一堂课，玛莎老师问孩子们："现在，你们知道自己不肯原谅别人的结果了吗？会有重量压在肩膀上，你不肯原谅的人愈多，这个担子就愈重，对这个重担要怎么办呢？"玛莎老师故意停了一会儿，让孩子们想一想，然后继续说道："放下来就行了。"

任何人都与人发生过摩擦和矛盾，在与人相处的过程中谁都不可能不受一点委屈，聪明人的聪明之处就在于，他们绝不会将仇恨深刻于心，让它无时无刻地折磨自己。因为他们知道，唯有放下来，自己心里的负担才不会过重，有了"相逢一笑泯恩仇"的豁达与大度，才能让自己被众人所接纳、所尊敬。

1994 年 9 月的一天，在意大利境内的一条高速公路上，一对美国夫妇带着 7 岁的儿子尼古拉·格林正驾车向一个旅游胜地行驶。突然，一辆菲亚特轿车超过他们，车窗内伸出几支枪管，一阵射击之后，他们的儿子中弹身亡。

这对夫妇本应该痛恨这个国家，因为在这块土地上他们失去了爱子。可是，悲伤过后，他们做出一个令人震惊的决定：把儿子健康的器官捐献给意大利人！在意大利，即使是正常死亡的本国公民

自愿捐献器官的情况也很罕见。于是，一个 15 岁的少年接受了尼古拉的心脏，一个 19 岁的少女得到了他的肝脏，一个 20 岁的女孩换上了他的胃，另外两个孩子分别得到了他的肾。5 个意大利人在这份生命的馈赠中得救了。这件轰动一时的事足以令所有的意大利人汗颜！1994 年的 10 月 4 日，意大利总统斯卡尔法罗将一枚金奖章授予了这对美国夫妇，为他们容纳百川的胸怀以及悲世悯人的情操，还有以德报怨的人生境界。

　　仇恨带给人们的灾难太深重了，应该怎样把仇恨化作一种美好呢？这对美国夫妇为人们做了一个成功的榜样。他们的爱子在异国无辜暴死，可他们的理智却抑制了仇恨的烈焰，并依然做出了令人感动的决定，使 5 个年轻人获得了重生，使冤死的儿子永远活在意大利人的心中！

　　人生当中，你用仇恨回报仇恨，得到的往往是更多的仇恨。你用宽容和慈悲回报仇恨，却能化解仇恨。

【总结与领悟】

　　做人不应该只是记着仇恨，而是应该懂得如何忘记并且化解仇恨。达到这种境界并不难，只要能够宽容别人的错误，留给别人快乐和平安就够了。当我们都不再为仇恨而耿耿于怀的时候，这个世界便多了许多美好和光明，少了许多恩怨和纠纷。

9. 对于曾经伤害你的人，最好的态度是宽恕

容人所不能容，才能得人所不能得

"满腔欢喜，笑开古今天下愁；大肚能容，了却人间多少事。"见过弥勒佛的人，往往都会陶醉于弥勒菩萨那无与伦比的笑颜中，更羡慕他的"肚量"，但又有几人能够参透其中的禅意呢？

一尊数百年前的弥勒佛像，因年久失修而残损，于是寺里请来佛工为其修葺。当佛工揭开弥勒佛的腹部，准备加固翻新时，在场的方丈和僧侣们无不惊愕动容——弥勒佛的腹里居然装着十二个陶俑！

弥勒菩萨容人所不能容，容尽天下苍生，这是何等伟大的胸怀！这才是宽容的真谛，更是一种令人感动的仁爱。亦如法国作家雨果所说——"世界上最宽广的是海洋，比海洋更宽广的是天空，比天空更宽广的是人的胸怀。"我们或许无法做到佛主那般博怀，但至少我们可以为自己的心灵创设一种大格局，忍人所不能忍，容人所不能容，若如此，则我们必能处人所不能处的境界。

11年前，在河南省方城县，打工汉孔某沉浸在喜得千金的兴奋中时，妻子张某却告诉了他一个残酷的事实：他们的孩子其实是她和别人的孩子！经过一番痛苦挣扎，孔某最终宽容了妻子，并

将孩子视为己出。然而，11年后，这个孩子却患了白血病，生命告急！孔某能够做出惊人之举，允许妻子再次怀上旧情人的孩子用脐血干细胞挽救第一个孩子的生命吗？这样的举动一方面是有悖传统道德的"奇耻大辱"，另一方面是对11岁花季少女生命的无私拯救，孔某一颗平凡而博大的心，被亲情和伦理这两条绳索揪紧了……

2003年4月10日上午，并非孔某亲生女儿的小华(化名)在学校突然晕倒，到医院诊病，结果确诊小华患的是要命的淋巴性白血病。

医生对孔某夫妇说，要想治好小华的病，需要妻子张某再生个孩子，用新生儿的脐血挽救小华。这就意味着张某必须与旧情人任炎再生一个孩子，这怎么可能呢？妻子张某痛苦地低下了头，孔某更是痛苦万分：本来小华就不是自己的骨肉，怎么能再要一个又不是自己骨肉的孩子呢？

经过反复思考，孔某做出了一个令人难以置信的决定：让张某与任炎再生一个孩子救小华！然而，这个决定遭到了张某的坚决反对："这十多年来，我们早就没有任何来往，况且双方都已有家室，你让我怎么跟他讲？再说，我至死都不想让任炎知道小华是他的亲生女儿，我更不能再做对不起你的事啊！"

"生命高于一切。为了小华的生命，请你好好考虑考虑吧！"孔某诚恳地对张某说。张某又何尝不想救女儿呢？只是她万分珍惜与孔某的感情，实在不愿让这份感情再受到任何玷污了。

考虑了3天，张某觉得自己无论如何都不可能再和任炎有什么瓜葛。如果能用其他的方法与任炎再生一个孩子，倒还可以考虑。

9. 对于曾经伤害你的人，最好的态度是宽恕

与孔某商量后，夫妇俩坦率地把自己的隐私对大夫讲明了，大夫说："你们可以采用人工授精的方法怀孕，这样也能使孩子获救。"

2004年春节前夕，孔某找到并说服了任炎，使任炎答应献出精子。

2004年3月医生为张某做了特殊的人工授精手术。手术做得很顺利，一个多月以后，张某就怀孕了。看着妈妈渐渐隆起的肚皮，小华知道新的小生命与自己的生命紧紧相系，久违的笑容，再一次回到了她的脸上。

2005年1月5日，张某在县妇幼保健院顺利产下一个女婴。生产以后，孔某当即带上装在保温箱里的一段脐带，到省人民医院做配型化验。1月11日，从郑州传来喜讯，配型成功！2月7日，张某刚刚坐完月子，孔某和她就带着两个女儿到医院，找到了大夫，大夫马上安排孩子住院。观察7天后，为小华做了亲体配型脐血干细胞移植手术。手术进行了两个半小时，非常成功。住院观察期间，小华未出现大的排异反应，后于3月11日痊愈出院。小华稚嫩的生命，终于又重新扬起了希望的风帆。

这样的耻辱恐怕没有几个人能够承受，更别说不计前嫌，甘愿再次受辱去拯救别人的孩子了，但他做到了，尽管他因此陷入了难言的尴尬和隐痛，但他的人生却因此显现了人性的光芒，令人肃然起敬。即便人们知道了其中的隐情，谁还能忍心讥讽他？因为任何人都难以做到，所以，能做到的人才最值得别人去尊敬和赞美。

【总结与领悟】

人生不仅要学会承受，也要学会释怀。承受是一种忍耐、一种担当，一种宽容；而释怀则是一种心态、一种态度。忍受常人所不能忍受的，宽容常人所不能宽容的，处理别人所不能处理的，才能得到别人所不能得到的。

朋友间多一分和气，便多一分喜悦

若是狂风暴雨来袭，飞禽走兽便会感到哀伤忧虑、惶惶不安；若是晴空万里的日子，则草木茂盛、欣欣向荣。由此可见，天地之间不可以一天没有祥和之气，而人的心中则不可以一天没有喜悦的神思。天底下人人都有自己所擅长的本领，我们应该想着同心协力为社会多做贡献。不能因为各自的思想方法不同，性格上的差异，甚至微不足道的小过节而互相诋毁，互相仇视，互相看不起。古人说："二虎相争，必有一伤。"这样下去，其实谁都不好看。抬头不见低头见，得饶人处且饶人吧！

宋朝的王安石和司马光十分有缘，两人在年轻时，都曾在同一机构担任完全一样的职务。两人互相倾慕，司马光仰慕王安石绝世

9. 对于曾经伤害你的人，最好的态度是宽恕

的文采，王安石尊重司马光谦虚的人品，在同僚们中间，他们俩的友谊简直成了人们学习的典范。

做官好像就是与人的本性相违背，王安石和司马光的官愈做愈大，心胸却慢慢地变得狭窄起来。相互唱和、互相赞美的两位老朋友竟反目成仇。倒不是因为解不开的深仇大恨，人们简直不敢相信，他们是因为互不相让而结怨。两位智者名人，成了两只好斗的公鸡，雄赳赳地傲视对方。有一回，洛阳国色天香的牡丹花开，包拯邀集全体僚属饮酒赏花。席中包拯敬酒，官员们个个畅饮，自然毫不推让，只有王安石和司马光酒量极差，待酒杯举到司马光面前时，司马光眉头一皱，仰着脖子把酒喝了，轮到王安石，王执意不喝，全场哗然，酒兴顿扫。司马光大有上当受骗，被人小看的感觉，于是喋喋不休地骂起王安石来。一个满脑子知识智慧的人，一旦动怒，开了"骂戒"，比一个泼妇更可怕。王安石以牙还牙，也痛骂司马光。自此两人结怨更深，王安石得了一个"拗相公"的称号，而司马光也没给人留下好印象，他忠厚宽容的形象大打折扣，以至于苏轼都骂他，给他取了个绰号叫"司马牛"。

到了晚年，王安石和司马光对他们早年的行为都有所后悔，大概是人到老年，与世无争，心境平和，世事洞明，可以消除一切拗性与牛脾气了。王安石曾对侄子说，以前交的许多朋友，都得罪了，其实司马光这个人是个忠厚长者；司马光也称赞王安石，夸他文章好，品德高，功劳大于过错。仿佛是又有一种约定似的，两人在同一年的五个月之内相继归天，天国是美丽的，"拗相公"和"司马牛"尽可以在那里和和气气地做朋友，吟诗唱和了，什么政治斗争、利益冲突、性格相违，已经变得毫无意义了。

朋友之间相处，需要用"和气"来化解彼此之间的矛盾。人和人都是不同的，对于性格、见解、习惯等方面的相异，要以和为重。若"疾风暴雨、迅雷闪电"，就会影响朋友之间的关系，甚至导致友谊破裂，反目成仇；若和气面对彼此的不同，进而欣赏对方的优点，则对方也会对你加以赞美。这样一来，你们的"祥"和"瑞"也就更多了。

【总结与领悟】

自己待人的态度也决定了别人对自己的态度，获取他人好感和尊重前提必须是首先尊重他人，想要得到宽容前提必须是学会宽容别人。如果斤斤计较、睚眦必报，那么就不会有人愿意接近你。为人处世应记得：以和为贵。

一念之间的宽容，可以化祸患于无形

世上有许多灾祸、矛盾的起因可能都是一些微不足道的小事，只因彼此针锋相对，谁也不肯吃亏，才会将问题升级，演变得不可收拾。因而争斗而引发无穷祸患的例子不在少数。如果此时可以退让一步，其实是可以将祸患化于无形的。

9. 对于曾经伤害你的人，最好的态度是宽恕

明朝年间，有一位姓尤的老翁开了个当铺，有好多年了，生意一直不错，某年年关将近，有一天尤翁忽然听见铺堂上人声嘈杂，走出来一看，原来是站柜台的伙计同一个邻居吵了起来。伙计连忙上前对尤翁说："这人前些时日典当了一些东西，今天空手来取典当之物，不给就破口大骂，一点道理都不讲。"那人见了尤翁，仍然骂骂咧咧，不给情面。尤翁却笑脸相迎，好言好语地对他说："我晓得你的意思，不过是为了渡过年关。街坊邻居，区区小事，还用得着争吵吗？"于是叫伙计找出他典当的东西，共有四五件。尤翁指着棉袄说："这是过冬不可少的衣服。"又指着长袍说："这件给你拜年用。其他东西现在不急用，不如暂放在这里，把棉袄、长袍先拿回去穿吧！"

那人拿了两件衣服，一声不响地走了。当天夜里，他竟突然死在另一人家的门前。为此，死者的亲属同那人打了一年多官司，害得别人花了不少冤枉钱。

这个邻人欠了人家很多债，无法偿还，走投无路，事先已经服毒，知道尤家殷实，想用死来敲诈一笔钱财，结果被好言相劝，又得了两件衣服。他只好到另一家去扯皮，那家人不肯相让，结果就死在那里了。

后来有人问尤翁说："你怎么能有先见之明，容忍这种人呢？"尤翁回答说："凡是横蛮无理来挑衅的人，他一定是有所恃而来的。如果在小事上不稍加退让，那么灾祸就可能接踵而至。"人们听了这一席话，无不佩服尤翁的见识。

很多时候，我们发脾气、与别人发生冲突，都只是因为一念之差。如果当时能把火气压制住，让自己头脑冷静一下，或许就不会产生纠纷了。但遗憾的是，人们往往因为惯有的习气而不能宽容别

人，结果造成了许多不必要的麻烦。

你若能说服自己从心里去接受伤害过自己的人，也就不难从行动上去改变他们。一颗宽容、忍让的心能感化任何人、任何物，只要你付出的是一颗真心，便可转恶为善。当我们心生恨意时，请尽量平心静气，换一种心态，用宽恕、谅解的心去看待他，助他驱除邪恶，唤醒纯洁的灵魂。

【总结与领悟】

人生在世，应该多交朋友少树敌。常言道："冤家宜解不宜结。"多个朋友就多一条路，少了一个仇人便少了一堵墙。得罪一个人，就为自己堵住了那条去路，甚至可能是为自己埋下一颗不定时的炸弹；宽容一个人，无形间便可能将灾祸化于无形。所以，让心宽敞一点吧，这样对自己、对别人都好。

人之毁我，与其能辩不如能容

我们有时总是对别人太严厉了。世俗的舌头，我们更习惯用它在人群中掀起风雨。每个人都在企图证明：我是对的，而你是错的。

9. 对于曾经伤害你的人，最好的态度是宽恕

人总有自尊心，没人会愿意被人直指短处。更何况，我们所想的真理，其实可能正是他人认为的谬误。

当我们对万事万物都苛刻的时候，世界在我们眼里就一无是处了。有容乃大，一颗心，能装下别人或者自己的缺点，才能装下整个世界的风风雨雨。

唐开元年间有一位梦窗禅师，他德高望重，既是有名的禅师，也是当朝国师。

有一次梦窗禅师搭船渡河，渡船刚要离岸，远处走来一位骑马佩刀的武士，大声喊道："等一等，等一等，载我过河。"他一边说一边把马拴在岸边，拿着马鞭朝水边走过来。

船上的人纷纷说："船已离岸，不能回头了，干脆让他等下一回吧。"船夫也大声回答他："请等下一回吧。"武士急得在岸边团团转。

坐在船头的梦窗禅师对船夫说："船家，这船离岸还没多远，你就行个方便，掉过船头载他过河吧。"船夫见梦窗禅师是位气度不凡的出家人，便听从他的话，把船驶了回去，让那位武士上了船。

武士上船后就四处寻找座位，无奈座位都满了，这时他看到了坐在船头的梦窗禅师，便拿马鞭抽打他，嘴里还粗野地骂道："老和尚，走开点！把座位让给我！难道你没看见本大爷上船？"这一鞭正好打在梦窗禅师的头上，鲜血顺着他的脸颊汩汩地流了下来，梦窗禅师一言不发地起身把座位让给了蛮横的武士。

这一切被船上的乘客们看在眼里，大家既害怕武士的蛮横，又为禅师的遭遇抱不平，就窃窃私语："这个武士真是忘恩负义，要不是禅师请求，他能搭上船吗？现在他居然还抢禅师的位子，还动手

189

打人，真是太不像话了。"武士从大家的议论中明白了事情的缘由，心里十分惭愧，可是又放不下尊严去认错。

等船到了对岸，大家都下了船。梦窗禅师默默地走到水边，用水洗掉了脸上的血污。

那位武士再也忍受不了良心的谴责，上前跪在禅师面前忏悔道："禅师，我错了。对不起。"禅师心平气和地说："不要紧，出门在外难免心情不好。"

其实，即使一个非常宽容的人，也往往很难容忍别人对自己的恶意诽谤和伤害。但唯有以德报怨，把伤害留给自己，才能创造一个充满温馨的世界。

以恨对恨，恨永远存在；以爱对恨，恨自然消失。

汉朝的吕蒙正刚任参知政事，一天正在准备上朝时，有一位官吏躲在门帘后头说："就让这个不学无术的小子当上了参知政事呀？"吕蒙正假装没听见就走过去了。与吕蒙正同在朝班的大臣非常愤怒，下令责问那个人的官位和姓名。吕蒙正急忙制止，不让查问。下朝以后，那些大臣仍然愤愤不平，后悔当时没有彻底查问。但是吕蒙正则说："一旦知道那个人的姓名，我就一辈子也不会忘记了，始终要记着他说过我的坏话。倒不如不知道他是谁为好。这样对我来说也没有什么损失。"当时的人都很佩服吕蒙正的肚量。

吕蒙正的同窗好友温仲舒，与其同年中举。然而温仲舒因在任上犯案被贬多年，吕蒙正成为宰相以后，爱惜他的才能，便向皇上举荐温仲舒。后来，温仲舒为了在皇上面前显示自己的才能，竟常常刻意去贬低吕蒙正，甚至在吕蒙正触逆"龙鳞"之时，他还不忘落井下石。当时，朝臣们都很看不起温仲舒的为人。

9. 对于曾经伤害你的人，最好的态度是宽恕

有一次，吕蒙正在夸赞温仲舒的才能，太宗皇帝突然问道："你一直对他夸赞有加，可是他却经常将你说得一钱不值，难道你真的一点也不介意？"

吕蒙正笑了笑："陛下既然把我放在了这个位置上，就一定是知道我晓得如何欣赏别人的才能，并能让他才当其任。至于别人在背后怎么议论我，又岂是我职权之内所管的事情呢？"太宗闻言龙颜大悦，从此更加敬重吕蒙正的为人。

别人平白无故的批评及侮辱，可能是出于误解，如果我们不肯忍耐，非要计较个一清二白，只会使事情更加糟糕。

面对那些无意的伤害，宽容会让对方觉得你心胸博大，可以消除无心人对你造成伤害后的紧张，可以很快愈合你们之间不愉快的过往。而面对那些故意的伤害，你博大的心胸会让对方无地自容，因为宽容对方体现出的是一种境界。宽容是对怀有恶意者最有效的回击，不管别人有意还是无意伤害了你，其实他的内心也会感到不安和内疚，而你的宽容就会使彼此获得更多的理解、认同和信任。

【总结与领悟】

也许有些人很可恶，有些人甚至很卑鄙，当我们设身处地为他人着想的时候，就会体谅到别人的苦楚。所以请原谅伤害过你的人。一个人唯有心胸宽广、性格豁达，方能纵横驰骋。

以德报怨，恕敌之过，是为难能可贵

做人之该做之事，虽为善，是不昧良心，不谓难得；做人之不能做，以德报怨，恕敌之过，是为难能可贵。

有个人一生为善，到了年迈之时，为了让儿子们多一些人生历练，多掌握一些为人之道，便令三个儿子出门远游，老人说："你们三个今日出门，半年以后再回来，沿途要多做善事，并将最得意的一件事告知于我。我要看你们三人谁最善良，谁更让人敬佩。"三个儿子听完以后，点头允诺，随即便动身出门了。

春去秋来，半年时间已至，3个儿子亦依言一一回到家中，老人遂问起他们这半年内哪一件事最为得意。

大儿子先说："我在途中结识了一个商人，他很信任我，将满满一袋子珠宝交给我保管。其实，珠宝的数量连他自己都不清楚，我若是随便拿出几颗，他也不得而知。但是我并没有这么做，后来他向我要时，我原封不动地还给了他。"

老人听完大儿子的讲述以后，淡淡说道："这本是你应做之事，若是你昧着良心暗中拿他几颗，你与盗贼又有何异？"大儿子闻言，觉得是这么个理，便悄然退了下去。

9. 对于曾经伤害你的人，最好的态度是宽恕

二儿子接着说道："那天我路过西凉河，看到有一个小孩不慎落入水中，我未曾多想便跳入河中，救了他一命，他的家人要以厚礼作为报答，被我拒绝了。"

老人听后依旧淡淡地说："这也是你应该做的事。所谓救人一命胜造七级浮屠，但如果你见死不救，与杀人又有何异？你这辈子心里能够安宁吗？"二儿子听后，也认可了老人的说法，遂不再做声。

最后轮到小儿子，只听他说道："有一天，我发现一个病人晕倒在悬崖边，只一翻身就很有可能会跌落山涧，摔个粉身碎骨。于是我走向前去，准备将他救离险境。但到了近前我才发现，他竟然是我的仇敌！此前，我几次想要收拾他，可惜都没有得到机会。这一次，我举手投足间便可将他置之于死地，但我不愿意暗中害人，于是把他救醒，又将他送到了家中。"

听到这里，老人终于露出了笑容："你两个哥哥做的虽说也是善事，但也是为人之本，你能以德报怨，这才是最难得的啊！"

冤冤相报给人们造成过太多痛苦和悲剧，留下无数遗恨和灾难。诚然，许多悲剧性事件的发生具有复杂的原因，但争端无不起源于双方的互不相让和冤冤相报。如果人们在面对仇恨时能够保持平和的心态，宽以待人，能够放弃不必要的争斗，以德报怨，许多悲剧是可以避免的，甚至历史可能会呈现出一种别样的美丽。

宽容敌手，不让他人的过错来折磨自己，还处处显示着你的纯朴、你的坚实、你的大度、你的风采。那么，在这块土地上，你将永远是胜利者。只有宽容才能愈合不愉快的创伤，只有宽容才能消除一些人为的紧张。学会宽容，意味着你不会再心存芥蒂，从而拥

有一分流畅、一分潇洒。

【总结与领悟】

　　对愤怒的人，以牙还牙，是一件不应该的事。对愤怒的人，不以牙还牙的人，将可得到两个胜利：知道他人的愤怒，而以正念镇静自己的人，不但能胜于自己，也能胜于他人。这就是宽恕的力量。

10.
所谓孤独，
只是在花些时间检阅自己

当一个人独处之时，才能对生活以及现状进行更加清晰的思考。这样的情景，在别人看来是孤独，其实只有自己知道，面对别人的时候触及的是他们的生活，审视自己的时候才能触及到自己的灵魂。

引领时代的风骚源于一份清纯高远的孤独

如果不是不同生命分离开来，我们也便失去了自我，就不会有彼此，更不会有独立于自我而存在的那个浑然一体的客观世界。

伟大的人都是孤独的。很多优秀的人无不是在孤独之中完成了时代赋予的伟大使命。他们清醒地认识到引领时代的风骚来源于一份清纯高远的孤独——这种孤独里没有寂寞，也不必害怕。

张海迪是孤独的，这位坐在轮椅上的作家、学者以惊人的专注和坚韧实现了很多健全人从来不敢想象的梦想，现在的她继邓朴方先生以后成为了中国残联主席。

海伦是孤独的，她在那个黑暗的世界了独品人生之孤独，在孤独之中完成了常人不可想象的业绩。海伦的成功是很多人灰暗心空的不灭明灯，它让我们能够在黑夜之中也能看到一个比白天更加灿烂美丽的天空。

叶问是孤独的，他是一个喜欢同木桩独处，喜欢同孤独对话的人，在孤独之中，他练成了咏春拳。

阿甘和许三多更是孤独的，他们的孤独不仅是内心的独处，更是别人冷漠的眼光，但他们却以极不入流的智商和特有的愚钝、真

10. 所谓孤独，只是在花些时间检阅自己

诚成就了很多聪明人几辈子的累积也难以企及的成就。

拿破仑是孤独的，亚历山大大帝是孤独的，华盛顿先生也是孤独的……这些伟大的人物都是孤独的，但他们并不寂寞，因为与之相伴的还有时代赋予的使命和责任。只有在孤独中，他们才能对时代、对社会进行颠覆性的思考。

一个人的欢快抑或孤独事实上与身边人数的多与少没有必然联系。曾经有人说："孤单，是一个人的狂欢；狂欢，是一个群人的孤单。"这里的"孤单"是一种百无聊赖的寂寞。很多人害怕独处的时光，但是，难道在一群人中间我们就不孤单了吗？狂欢过后，往往是更加让人难以忍受的寂寞，尤其是那种病态的狂欢，其实就是一种行尸走肉般的无聊与寂寞。

只有在孤独的时光中，我们的心才可以静下来，才能去真正思考那些生命中最重大、最紧迫的问题。

【总结与领悟】

在连绵不断的行动和感情的激流里，你们应该为自己保留一独处的空间，在孤独里思考，以便认清自己的力量的弱点。也许，独立正是生命意义的所在吧。

别奢望人人都懂你，你只需做好你自己

多年以前，他和她偶然邂逅，彼此相识，从一见倾心到无话不谈。

"你有什么爱好吗？"她问。

"文学，你呢？"他说。

"真的吗？我也是。那你喜欢看什么书？"

"《红楼梦》。"

"太巧了，我也是！"

他们的身影，时而重合，时而平行。

相处了一年以后，他和她来到了彼此相识的地方，路灯把他们的身影拉得很长。

"你觉得林黛玉这个人好吗？"他问。

"她玉洁冰清，对爱情忠贞不渝。"她说。

"可是她心胸狭窄，对人太苛刻。"

"你真的是这样认为的吗？"

"是的。"他很认真地回答。

"可我……"

10. 所谓孤独，只是在花些时间检阅自己

两个身影各奔东西，只留下一片昏黄的灯光。

置身于滚滚红尘中，每一天都有别离，每天也都有相逢。茫茫人海，谁与谁一见倾情，又是谁与谁擦肩而过？所谓朋友，所谓恋人，一转身，也许就是一生背道而驰，一句再见，也许就是这辈子再不相见。所以，不要停在原地，不要傻傻地等，不要呢喃自语"我这个人，为什么你不懂？"

风有风的心情，雨有雨的心声，你的所想怎能人人都懂？你的心声，怎能人人遵从？做好你自己，才是最好的方式。人与人之间的故事，就是一点一滴的缘分凑成，他不懂你，你不懂他，说明彼此的缘分还没水到渠成。

他说你冷面寒霜，其实不知道，你的火热在心中；

他说你淡漠无情，其实不知道，在街角看到那个乞讨的小孩，你的心早已泪如雨下；

他说你自负癫狂，其实不知道，你只是不愿向功利世俗去妥协；

他说你爱得不深，其实不知道，你只是不想万劫不复，只是刚好爱到七八分；

他说你孤僻高深，其实不知道，你只是希望遇到一个真正懂你的人。

也许你与他，就像不同时区的钟，看起来好像在一起滴滴答答，其实大相径庭。你没有走进他那个时区，他就跟随不了你的分分秒秒。你们之间就好像隔了一层薄薄的纱，看似若有若无，实则彼此都看不清。所以他不懂你，你别怪他。

这世上找不到那么多的不离不弃，也没有那么多的理所应当。能珍惜的便珍惜，毕竟，缘分来之不易。但不是所有的错过和失去

都不值得原谅，留不住的只是朝露昙花，再美不过刹那芳华。人与人之间，懂了就是懂了，不懂，你再解释，依旧不懂。他不懂你，你别怪他，不是为了显示自己有多么大度，也不是为了显示自己有多么随性，只是要让自己明白，每个人都有一个死角，自己走不出来，别人也闯不进去，我们都习惯把最深沉的秘密放在那里，所以他不懂你，你别怪他。

其实难过的时候，不一定非要有个人陪在身边，宽慰几句，安抚几许。无聊的时候，发发呆，享受一下孤独的时光。不言不语，不卑不屈，让思想升华出来的火花，照亮心里需要照亮的角落，别怪自己，也别怪别人。

尽自己的心，用自己的情，做最好的自己，就是一种欣慰，无怨无悔。人人都有自己的原则，人人都有自己的活法，你有你的观点，他有他的见解，何必非要把自己的想法强加给别人？你认可的，他未必认同，你理解的，他未必明白，别奢望人人都懂你的心情。如果思念只能是痛苦，何必对昨天的过往纠缠不休？一壶香茗，一卷书，一束月光，一人赏。在孤独的日子里，依然可以安然无恙。

【总结与领悟】

我们一直试图找到那些真正懂我们的人，但往往却是天意弄人。或许有一天，我们的努力会被人感受到，有人愿意从内心里去了解我们；或许，我们的努力一直不能被人感知，他们淡漠了我们的这种追求。无论如何，都要释怀，能被感知自然舒心，不能被感知也要会宽心。

10. 所谓孤独，只是在花些时间检阅自己

知己难求，故不必刻意强求

高适说："莫愁前路无知己，天下谁人不识君。"劝慰之词罢了，茫茫天下，识君者能有几人？俞伯牙"高山流水"，知音者唯钟子期。"借问人间愁寂意，伯牙弦绝已无声。""高山流水琴三弄，明月清风酒一樽。"

知音自古难觅。古往今来，多少高山隐士、文人墨客、王侯将相，或独钓寒江，或登高长啸，或对月慢饮，或邀影成双，喟叹："人生得一知己，足矣！"一个足矣，更是道出了无尽的遗憾与无奈。也正因如此，"高山流水"的佳话才会在世间经久流传。孤独是一种无奈的选择，因为没有找到合适的同行者。然而，叹便叹了，憾也憾了，却不必刻意去寻找一个知己。因为，生命的常态是孤独。

我们孤独而来，一无所有，有几人能与人结伴同来？我们孤独而去，独走黄泉，又有几人能与人相约结伴而去。然而我们又常说，自己害怕孤独。其实，我们害怕的是寂寞。

寂寞与孤独是很容易被人们混淆的概念，其实这是对生命的两种不同的感受。孤独是沉醉在自己世界的一种独处，所以，孤独的人表现出来的是一种圆融的高贵。而寂寞是迫于无奈的虚无，是一

种无所适从的可怜。

排解寂寞很容易，如今的社交网络如此发达，有太多的方法可以排解寂寞，一旦热闹起来，寂寞这种表象的、浅层次的心灵缺失也就解了。而孤独则不同，孤独是那种纵然你被众星捧月，依然会心中寥寥，甚至更为孤独的感受。欲语还休，难以言清。

于是，便有了"举杯邀明月，对影成三人"，便有了"驿外断桥边，寂寞开无主"，那是一种感叹于知己难寻的落寞。然而，心灵上能互懂的毕竟没有几人。即便终了一生，或可相遇，或者就是无缘。

所以，不必刻意去寻找，有些东西奢求不来。纵然是同枕共眠的夫妻，血浓于水的父子兄弟，在精神层次上也未必能够完美契合。至于朋友间的一言九鼎、肝胆相照，也只是情义上的深度，若说知己，恐怕未必。知己之难得，令人感叹。人于茫茫尘世中，若能寻得一二在某一点上有共同之识、彼此赏识、相得益彰的朋友，已是人生一大幸事。

譬如你喜欢读书，得一有相同爱好的书友，彼此借阅，互论心得，诗清词雅，相互切磋，此人生一喜也。又如你爱那杯中之物，得一好此道者，酒量不相上下，酒品犹佳，有的空闲便在一起浅酌慢饮，高谈阔论，纵横天下，指点江山，岂不也是人生一幸事？又何必非求什么知己知心？

其实每人都有孤独感，喧嚣中的人，内心可能是孤独的，这种孤独是与生俱来的，有人多些有人少些，但内心都渴望被安抚、理解。如果得不到，不必去强求。你身边的人，他们的言行你不认同很正常，他们不理解你也很正常。每个人都是独立自由的个体，有各自的想法与思考方式,你能做的就是求同存异。精神层次上的东西,不能相容也就罢了。你还可以享受属于自己的那份孤独,它会让你的心静下来,去做关于生命的思考。

【总结与领悟】

如果在这个世界里,你不能找到那么一个人,想着同样的事情,怀着相似的频率,在某个孤独的出口,等待着与你相遇。那么,学会享受你的孤独时光。求知己、觅知音,是一种非常美好的追求,可人生总是遗憾重重。生命中能得一二知己当然是一大幸事,但能在缺憾的人生中,学会孤独地享受人生之乐,也是一种充满智慧的人生观。

在纷乱的世界里,学会做一个孤独的散步者

人缺少的往往是一份自己独处的淡定的心,太过喧嚣的生活环境里,我们更容易迷失自我。不如像黑格尔说的那样:"背起行囊,独自旅行,做一个孤独的散步者。"

很多人喜欢三毛,喜欢她对自由的诠释。可是,为何这么多年

过去，再没有出现一个像三毛一样的人？为什么她的自由只能被默默地欣赏，而无法直接效仿呢？因为我们害怕孤独，无法像她一样摆脱尘世的杂念，故而得不到她那样的自由。

我们崇拜三毛行走在撒哈拉大沙漠里的洒脱，可大部分人只敢跟着旅行团走马观花，又有几人愿意背起简单的行囊独自去旅行呢？有人觉得我们都是这复杂世界中的一颗棋子，心甘情愿地接受他人的摆布，这些包括我们的亲人、朋友、上司，甚至可能是这世界上的任何一个人。我们害怕如果不接受摆布就会被排斥，我们无法承受那样的孤独，所以当三毛的心飞向自由时，我们却心甘情愿地被束缚。

也有人认为三毛很软弱，因为她的文字总是写满忧愁，她的故事里总是带着感伤。或许他说的没错。但谁又能说，这不是三毛对内心孤独的一种面对与释放呢？

三毛的孤独来自于她对"自己"二字的定义。三毛说："在我的生活里，我就是主角。对于他人的生活，我们充其量只是一份暗示、一种鼓励、启发，还有真诚的关爱。这些态度，可能因而丰富了他人的生活，但这没有可能发展为——代办他人的生命。我们当不起完全为另一个生命而活——即使他人给予这份权利。坚持自己该做的事情，是一种勇气。"

现代的女性虽然不再像古时那样嫁夫从夫、三从四德，可大部分女人还是心甘情愿地牺牲自己来成全男人，直到伤得体无完肤，才知道什么叫"爱自己"。三毛也很爱荷西，可她从来没有因为爱荷西而失去自我，她说："我不是荷西的'另一半'，我就是我自己，我是完整的。"为了自己，三毛孤独地生活着。

10. 所谓孤独，只是在花些时间检阅自己

在《稻草人手记》的序言里，有这样一段描写，一只麻雀落在稻草人身上，嘲笑它"这个傻瓜，还以为自己真能守麦田呢？它不过是个不会动的草人罢了！"话落，它开始张狂地啄稻草人的帽子，而这个稻草人，像是没有感觉一般，眼睛不动地望着那一片金色的麦田，直直张着自己枯瘦的手臂，然而当晚风拍打它单薄的破衣裳时，稻草人竟露出了那不变的微笑来。三毛就像这稻草人，执着地微笑着守护内心中那片孤独的麦田。

作家司马中原说："如果生命是一朵云，它的绚丽，它的光灿，它的变幻和飘流，都是很自然的，只因为它是一朵云。三毛就是这样，用她云一般的生命，舒展成随心所欲的形象，无论生命的感受，是甜蜜或是悲凄，她都无意矫饰，行间字里，处处是无声的歌吟，我们用心灵可以听见那种歌声，美如天籁。被文明捆绑着的人，多惯于世俗的烦琐，迷失而不自知。"

世人根本没有必要为三毛难过，而应该为她高兴，因为她找到了梦中的橄榄树。在流浪的路上，她随手撒拨的丝路花语，无时不在治疗着一代人的青春疾患，她的传奇经历已成为一代青年的梦，她的作品已成为一代青年的情结。她虽死犹生。

【总结与领悟】

给自己一些孤独时光，做一个孤独的散步者，你会越走越顺畅，越走越从容，越走越懂得享受人与人之间一切平凡而卑微的喜悦。当有一天，走到天人合一的境界时，世上再也不会出现束缚心灵的愁苦与欲望，那份真正的生之自由，就在眼前了。

静下心来，住进窄门里去

作家余华在谈到他的新作《兄弟》时，说了这样一段话，他说，他最初构思《兄弟》时，是准备写一部十万字左右的小说，可叙述统治了写作，篇幅超过了四十万字。写作就这样奇妙，从狭窄开始，往往写出宽广，从宽广开始反而写出狭窄。这和人生一模一样，从宽广大路出发的人走到最后常常走投无路，从羊肠小道出发的人却能够走到远方。无论写作还是人生，都应该从窄处开始，不要被宽阔的大门所迷惑，那里面的路其实并没有多长。

窄处是孤独的，但孤独的生活不一定是悲剧，很多时候，你的孤独往往能够化作一个坚硬的盾牌，保护着你。如果将孤独比作一道门，那么在孤独门外会有各种喧闹的诱惑，而享受孤独的你则在屋内修养自我。

一位老人总是很认真地给小辈们讲述那个"农夫和扁担"的故事，说是有个农夫买了条新扁担回家，可是横着进不去屋，竖着也进不去屋。农人眉头一皱，想到了一个办法，他"喀嚓"一声把扁担拦腰折断，这回顺利进屋了。

小辈们纷纷取笑农夫。有的说，把扁担顺过来，不就进去了；

也有人调笑说，干脆把门扩得宽大些，会省去很多麻烦。老人等的似乎就是这句话，他说，真正有智慧的人，都居住在窄门里，他们从窄处向宽处走。住在宽大的门里，进出虽然方便，却容易滋生惰性。窄门里是冷清的，能坚持这份孤独的人不多，宽门虽然门庭若市，却千人一面。

其实，老人所说是一种生命态度。宽门与窄门，隐含着两种不同的人生哲学。应该说，这个故事被老人注入了全然不同的内涵，当然，他也一直抱着这种生命态度在生活。

在最艰苦的日子里，老人选择了"住进窄门"。他是个医生，曾经响应号召下了乡，在那里，一个北大医学系的高才生，变成了背着药箱跋涉山路的"赤脚医生"。那时，一个年轻漂亮的北京籍女护士出现了，他的心里亮起了一盏明灯，这个女护士后来成为了他的妻子。

他的医术很好，十里八村的老乡每天排着队来找他看病、开药，遇到病情严重的人，他还要带着乡亲将人抬到几十里外的市医院救治。那段时间很劳累，但他过得很充实。

夜深人静的时候，人都散了，他便点起煤油灯，捧着厚重的医学书籍，如饥似渴地扎入其中。即便是在吃了上顿没下顿的日子里，他也从没有放弃学习。夏天，蚊虫肆虐，他就燃点艾蒿，在浓烟下坚持读书。遇上大雨天，屋外下雨，屋内也下雨，床头、书桌、诊疗台上摆满各式各样的盆碗，他就蹲在这些叮当作响的盆碗之间，看书、做笔记。寒冬，雪花飞舞，北风透过并不严密的门窗钻进屋子里，凉气袭人，而他，心在书里，浑然不觉。

后来，老人带着一家返城，很快成了远近闻名的外科第一把刀，他出了几本书，都在医学界有一定的影响。如今，他已经到了古稀之年，仍常在国内外医学刊物上发表文章。

人生犹如一次旅行，在漫长的旅程中，唯有学会拒绝诱惑，才能到达成功的彼岸。学会享受孤独，因为孤独往往能够帮助我们认清自我，让我们找到属于自己的目标。

【总结与领悟】

理智地面对身边的诱惑，让自己的人生拥有独立的空间，不要因为暂时的困境，而放弃了自己的理想，更不要因为自己暂时的孤独，而选择投靠外界的诱惑，要知道，诱惑往往是一个个的陷阱，掉下去就可能会万劫不复。

宁受一时之孤独，毋取万古之凄凉

滚滚红尘中，谁能耐得住孤独，淡看风花雪月事？达人当观物外之物，思身后之身。宁受一时之孤独，毋取万古之凄凉！

西汉扬雄世代以农桑为业，家产不过十金，"乏无儋石之储"，却能淡然处之。他口吃不能疾言，却好学深思，"博览无所不见"，尤好圣哲之书。扬雄不汲汲于富贵，不戚戚于贫贱，"不修廉隅以徼名当世"。

40多岁时，扬雄游学京师。大司马车骑将军王音"奇其文雅"，召为门下史。后来，扬雄被荐为待诏，以奏《羽猎赋》合成帝旨意，除为郎，给事黄门，与王莽、刘歆并立。哀帝时，董贤受宠，攀附他的人有的做了二千石的大官。扬雄当时正在草拟《太玄》，泊如自守，不趋炎附势。有人嘲笑他，"得遭明盛之世，处不讳之嘲"，竟然不能"画一奇，出一策"，以取悦于人主，反而著《太玄》，使自己位不过侍郎，"擢才给事黄门"，何必这样呢？扬雄闻言，著《解嘲》一文，认为"位极者宗危，自守者身全"。表明自己甘心"知玄知默，守道之极；爱清爱静，游神之廷；惟寂惟寞，守德之宅"，绝不追逐势利。

王莽代汉后，刘歆为上公，不少谈说之士用符命来称颂王莽的功德，也因此授官封爵，扬雄不为禄位所动，依旧校书于天禄阁。王莽本以符命自立，即位后，他则要"绝其原以神前事"。可是甄丰的儿子甄寻、刘歆的儿子刘棻不明就里，继续作符命以献。王莽大怒，诛杀了甄丰父子，将刘发配到边远地方，受牵连的人，一律收捕，无须奏请。刘曾向扬雄学作奇字，扬雄不知道他献符命之事。案发后，他担心不能幸免，身受凌辱，就从天禄阁上跳下，幸好未摔死。后以不知情，"有诏勿问"。

道德这个词看起来有点高不可攀，但仔细回味，却如吃饭穿衣，真切自然，它是人人所恪守的行为准则。在中国历史的发展过程中，才人辈出，却大浪淘沙，说到底，归于文格、人格之高低。真正有骨气的人，恪守道德，甘于清贫，尽管贫穷潦倒，孤独一时，终受人赞颂。

不少现代人畏惧孤独，其实，它可使浅薄的人浮躁，使空虚的人孤苦，也可使睿智的人深沉，使淡泊的人从容。

北宋文豪苏轼因"乌台诗案"被贬至黄州为团练副史4年后，写下一篇短文：

"元丰六年十月十二日夜，解衣欲睡，月色入户，欣然起行。念无与为乐者，遂至承天寺寻张怀民。怀民亦未寝，相与步于庭中，庭下如积水空明，水中藻荇交横，盖竹、柏影也。何夜无月？何处无竹柏？但少闲人如吾两者耳。"

透过孤独，我们品出几分潇洒、几分自如。

古今中外，智者们往往独守这份孤独，因为他们深知，最好的往往是最孤独的，一个人要想成功，必须能够承受孤独。

【总结与领悟】

一个能够坚守道德准则的人，也许会孤独一时；一个依附权贵的人，却会有永远的凄凉。心胸豁达宽广的人，考虑到死后的千古名誉，所以宁可坚守道德准则而忍受一时的孤独，也绝不会因依附权贵而遭受万世的凄凉。

10. 所谓孤独，只是在花些时间检阅自己

感谢那些年的孤独时光

  人生在世，不可能事事顺心，追梦的旅途中，孤独在所难免。如果我们面对挫折时能够虚怀若谷、大智若愚，保持一种恬淡平和的心境，便是彻悟人生的大度。正如马克思所言："一种美好的心情，比十服良药更能解除生理上的疲惫和痛楚。"在人生的跑道上，不要因为眼前的蝇头小利而沾沾自喜，应该将自己的目光放长远，只有取得了最后的胜利才是最成功的人生。
  仙人球是一种很普通的植物，它的生长速度很慢，即使三四年过去了，仍然只有苹果大小，甚至看上去给人一种未老先衰的感觉。人们总喜欢将它放在阳台上不起眼的角落里。没多久，它开始被人忘记。然而，有一天它能从阳台角落里突然就长出一朵长喇叭状的花朵，花形优美高雅，色泽亮丽。这时，它的美才被人们发现。可以说，仙人球在经历了数年的默默无闻之后，才换来了一朝的绚烂绽放。
  很多时候，我们的才能因为某种原因而未被及时发现，像仙人球一样被安置到了一个小小的角落里。这时，我们就要学会忍受孤独，抛开消极情绪，默默地积蓄力量，终有一天你会像仙人球一样

开出令人惊叹的花。

小时候，他很孤独，因为没人陪他玩。他喜欢上了画画，经常一个人在家涂鸦。稍大一点，他便用粉笔在灰墙上画小人、火车，还有房子。从上小学开始，他就感觉自己和别人不一样。"别人说我清高。其实，我跟别人玩的时候，总觉得有两个我，一个在玩，一个在旁边冷静地看着。"他喜欢画画和看书，想着长大后做一名画家。

高考完填志愿时，父母对他的艺术梦坚决反对。他不争，朝父母丢下一句：如果理工科能让我画画就念。本来只是任性的推托，未曾想父母真找到了个可以画画的专业，叫"建筑专业"。

建筑师是干嘛的？当时别说他不知道，全中国也没几个人知道。他说，当时的校长是钱锺书的堂弟钱钟韩，曾在欧洲游学六七年，辗转四五个学校，没拿学位就回来了，钱钟韩曾对他说："别迷信老师，要自学。"

于是到了大二，他开始翘课，常常泡在图书馆里看书，中西哲学、艺术论、历史人文……看得昏天黑地。回想起那个时候，他说："刚刚改革开放，大家都对外面的世界有着强烈的求知欲。"

毕业后，他进入浙江美院，本想做建筑教育一类的事情，但发现艺术界对建筑一无所知。为了混口饭吃，他在浙江美院下属的公司上班，二十七八岁结婚，生活静好。不过他总觉得不自由，另一个他又在那里观望着，目光冷冽。熬了几年，他终于选择辞职。

接下来的十年里，他周围的那些建筑师们都成了巨富，而他似乎与建筑设计绝缘了，过起了归隐生活，整天泡在工地上和工匠们

10. 所谓孤独，只是在花些时间检阅自己

一起从事体力劳动，在西湖边晃荡、喝茶、看书、访问朋友。

在孤独中，他没有放弃对建筑的思考。他不鼓励拆迁，不愿意在老房子上"修旧如新"，不喜欢地标性建筑，几乎不做商业项目。在乡村快速城市化、建筑设计产业化的中国，他始终与潮流保持一定的距离，这使他备受争议，更让他独树一帜，也让他的另类成为伟大。

虽然对传统建筑的偏爱曾让他一度曲高和寡，但他坚守自己的理想。"我要一个人默默行走，看看能够走多远。"基于这种想法，过去八年，从五散房到宁波博物馆以及杭州南宋御街的改造，他都在"另类坚持"。他说："我的原则是改造后，建筑会对你微笑。"

他叫王澍，今年49岁，是中国美术学院建筑艺术学院院长。

2012年5月25日下午，普利兹克奖颁奖典礼在人民大会堂举行，王澍登上领奖台。这个等同于"诺贝尔"和"奥斯卡"分量的国际建筑奖项，第一次落在了中国人手中。

"我得谢谢那些年的孤独时光。"谈起成功的秘诀，王澍说，幼年时因为孤独，培养了画画的兴趣，以及对建筑的一种懵懂概念；毕业后因为孤独，能够静下心来思考，以后的很多设计灵感都来源于那个时期。

尽管张楚在歌中唱道："孤独的人是可耻的，生命像鲜花一样绽开，我们不能让自己枯萎。"但我们也不能忘记另外一句话："真正优秀的人一定觉得自己是孤独的，他们也清醒地认识到自己的优秀来源于一份孤独。"

【总结与领悟】

　　人由幼稚到成熟，是生命中的一种渴望与追求。孤独，着实让人感到恐惧，使人备感无助。然而，孤独往往让你在备受苦涩与煎熬之后，使你的人生发生神奇的转变，从而使你变得更加成熟，更加坚强。

于孤独中学会升华自己

　　对于一个胸有大志，有梦想且有着强烈实现它的渴望的人，有时候选择低调，守住一份孤独，是通往成功的另一种方式，我们可以称之为韬光养晦。它是在崛起前，一个低调地奋斗的阶段。当你能够让自己获得更多的进步时，你会发现自己的成功在很大程度上得益于当初的孤独，或者说在很多时候你会发现，自己之所以孤独是因为需要孤独的时光，让自己清醒，让自己拥有更多的认识。

　　虽然贵为华人首富，李嘉诚却过着简单朴素的生活。

　　他11岁就来到香港谋生，一路上都是一个人在奋斗。他一直自己缝衣服，即便是现在。他的袜子都是不能见人的，因为他自己缝

10. 所谓孤独，只是在花些时间检阅自己

补了好多次。

李嘉诚的办公室，像他的打扮一样简单，除了一望无际的维多利亚港海景。其中最惹眼的，莫过于清代儒将左宗棠题于江苏无锡梅园的诗句："发上等愿，结中等缘，享下等福；择高处立，寻平处住，向宽处行。"这24个字，凝聚着深刻的人生哲理，而李嘉诚则将其视为自己的人生信条。

"孤独感是他最好的朋友，也是他最自然的常态。"一位熟知李嘉诚经历的高层如此评价道。在她看来，经历过少年磨难的李嘉诚，早已习惯了孤独的感觉。

回忆早年的苦学生涯，李嘉诚说："别人是自学，我是'抢学问'，抢时间自学。一本旧《辞海》，一本老师版的教科书，自己自修。"

这是一个孤独之旅，命运剥夺他的，李嘉诚要靠自己抢回来。没有学历、人脉、资金，想出人头地，自学是他唯一武器。

李嘉诚自律惊人，除了《三国志》与《水浒传》，他不看小说，不看"没有用"的书。捡起教科书，李嘉诚时而扮演学生，时而扮演老师，摸索教学和出题的逻辑，寻找每个篇章的关键词句，模拟师生对话，自问自答。

孤独是他的能量，也是他的朋友。独处时，他脑海会开始做思想的挣扎，会不断地自己抛问题、自己回答。李嘉诚的一位友人说："他现在的习惯，就是来自于此。"

在创办长江塑料厂时，李嘉诚又开始订阅英文《当代塑料》及其他西方专门的塑料杂志。与此同时，李嘉诚开始将部分资金投资华尔街上市公司股票，李嘉诚从不按直觉投资，而是仔细研读公司

财报，研究商业规则。华尔街财报是李嘉诚的英文老师、商业教练，也是他的私人投资获利来源。

经过几十年的磨炼，李嘉诚早已学会了和孤独相处，所以，登上人生的高峰之后，他鲜有"高处不胜寒"之感。

很多时候，我们看到的只是别人收获成功的一刻，似乎很多人都是一夜成名、一夜暴富。然而，当你真正了解那个人的时候，你才会发现，在功成名就之前，他们都曾孜孜不倦地追求过、付出过、努力过。付出之后你才会感觉到生活的快乐，只要你敢于付出，你就会在孤独中得到精神的升华。所以当你无法摆脱眼前的困境时，你不如选择孤独地思考，当你能够认真思考自己人生的时候，或许会发现成功真的并不是一件难事。

【总结与领悟】

韬光养晦是孤独的，没有人知道你的鸿鹄之志，没有人理解你的低调。然而，在一些不利的条件下，韬光养晦反而是一种更好的出击。孤独拥有一种冲击力，如果你足够的坚强，那么你就不会被摧垮，相反，你还会因为自己的成功或者是自己的坚强而获得更多的机会，这就是在孤独中韬光养晦。

11.
在痛苦的深处微笑，你得做自己的英雄

如果生活不靠谱，我们就得让自己更靠谱。痛苦能够毁灭人，然而受苦的人也能够把痛苦消灭！我们要做自己的英雄！

如果你不坚强，没人替你勇敢

"当灵魂迷失在苍凉的天和地，还有最后的坚强在支撑我身体，当灵魂赤裸在苍凉的天和地，我只有选择坚强来拯救我自己。"有时候，你真的不得不坚强，因为如果你不坚强，没人会替你勇敢。

陈丹燕老师在《上海的金枝玉叶》中描写了这样一个美丽的女子——郭婉莹（戴西），她是老上海著名的永安公司郭氏家族的四小姐，曾经锦衣玉食，应有尽有。时代变迁，所有的荣华富贵随风而逝，她经历了丧偶、劳改、受羞辱打骂、一贫如洗……一度甚至沦落到在乡下挎粪桶清鱼塘，但那么多年的磨难并没有使她心怀怨恨，她依照美丽、优雅、乐观，始终保持着自信和骄傲。她有喝下午茶的习惯，可是家中早已一贫如洗，烘焙蛋糕的电烤炉没了多年，怎么办？这些年她一直自己动手，用仅有的一只铝锅，在煤炉上烘烤，在没有温度控制的条件下，她用巧手烘烤出了西式蛋糕。就这样，几十年沧桑变化，她依然雷打不动地喝着下午茶，吃着自制蛋糕，怡然自得，浑然忘记身处逆境，悄悄地享受着残余的幸福。

这就是坚强，一种生活的态度，淡定而从容。生活就是这样，有时在意料之中，有时在意料之外。不过悲也好，喜也好，你都得

11. 在痛苦的深处微笑，你得做自己的英雄

活下去，都要面对，等你的年龄到了足以有资格回味往事之时，你会发现，那正是你的人生。而这一路陪你走来的，不是金钱、不是欲望、不是容貌，恰恰就是你那颗坚强的心。

也许你有些害怕，于是你不想长大，但很多我们不想经历的，终究还是要经历，长大了就是长大了，就要承受很多东西。人生，从来都是苦大于乐、福少于难的，你得学会苦中作乐，因为如果你不坚强，没人替你勇敢。

或许，如果可以，你更愿意每天随心所欲，不用早起，不用在地铁上拥挤，不必看老板的脸色，在遭遇挫折以后，不需理睬什么"在哪里跌倒就在哪里站起"，是的，如果可以，你更愿意蹲下来怀抱双膝，慢慢疗伤……可是，人生没有如果，即使有一千个理由让你黯淡消沉，你也必须选择一千零一次的勇敢面对，因为你不坚强，没人替你勇敢。

有时候，看似好友成群，每天的哥们儿义气、姐妹情谊，可真到了关键时刻，能帮得了你的却不见一人，所以做任何事情，不要总想着依靠别人，凡事还得靠自己，因为如果你不坚强，没人替你勇敢。

暴风雨之夜，一只蝴蝶被打落在泥中，它想飞，它拼命挣扎，可是风雨太大，心有余而力不足。在无数次努力都失败以后，它大概打算放弃了，这时，一缕阳光射来，映照着它美丽的翅膀，它再一次选择了坚强，经过一次次试飞，它终于挣脱了泥潭，挥动着仍带有泥点的翅膀，在阳光中散发着七彩的光芒。蝴蝶永远知道：如果它不坚强，没人替它勇敢。

人生的绽放，需要你的坚强，没了坚强，你会变得不堪一击，

只有经历过地狱般的折磨，才会有征服天堂的力量；只有流过血的手指，才能弹出人世间的绝唱！

坚强，显然已经成为一种世界的、民族的趋势，从生存到竞技，从灾难到救援，几乎每一个人都在以乐观、进取来表达着坚强，小到一个人，大到一个国家，都在不停地努力付出，一天天让自己变得更好。

坚强，其实就是一种自然而然的生活态度。

【总结与领悟】

当坚强成为一种习惯，我们便不会再抱怨天地，你会发现生活不过就是那么一回事，有无奈、有愤恨，有不公、有苦痛，用坚强去面对，它们便根本不值一提，不过是生命中的一个插曲。

告别痛苦的手只能由自己来挥动

痛苦的感受犹如泥泞的沼泽，你越是不能很快从中脱身，它就越可能将你困住，乃至越陷越深，直至不能自拔。

然而，尽管我们的人生有诸多不如意，可我们的生活还是要继

11. 在痛苦的深处微笑，你得做自己的英雄

续。只是不肯接受这诸多"不如意"的人也不少见。这些人拼命想让情况转变过来，不管这是不是还有用。为此他们劳心劳力，如果事情没有转机，他们就会把问题归结到自己身上，觉得自己没有尽力，或是没有本事。然而，总有些事情是我们力所不能及的。有句很通俗的谚语："活人哭死人，犹如傻狗撵飞禽。"对于那些无法改变的事情，与其苛求自己做无用功，不如坦然接受的好。

第二次世界大战期间，一位名叫伊莉莎白·康黎的女士在庆祝盟军于北非获胜的那一天，收到了国际部的一份电报：她的独生子在战场上牺牲了。

那是她最心爱的儿子，是她唯一的亲人，那是她的命啊！她无法接受这个突如其来的残酷事实，精神接近了崩溃的边缘。她心灰意冷、万念俱灰、痛不欲生，决定放弃工作，远离家乡，然后默默地了却余生。

当她清理行装的时候，忽然发现了一封几年前的信，那是她儿子在到达前线后写的。信上写道："请妈妈放心，我永远不会忘记您对我的教导，不论在哪里，也不论遇到什么灾难，都要勇敢地面对生活，像真正的男子汉那样，用微笑承受一切不幸和痛苦。我永远以您为榜样，永远记着您的微笑。"

她热泪盈眶，把这封信读了一遍又一遍，似乎看到儿子就在自己的身边，用那双炽热的眼睛望着她，关切地问："亲爱的妈妈，您为什么不照您当年教导我的那样去做呢？"

伊莉莎白·康黎打消了背井离乡的念头，一再对自己说："告别痛苦的手只能由自己来挥动。我应该用微笑埋葬痛苦，继续顽强地生活下去。事情已经是这样了，我没有起死回生的能力去改变它，

但我有能力继续生活下去。"

后来，伊莉莎白·康黎写了很多作品，其中《用微笑把痛苦埋葬》一书颇有影响。书中这几句话一直被世人传颂着："人，不能陷在痛苦的泥潭里不能自拔。遇到可能改变的现实，我们要向最好处努力；遇到不可能改变的现实，不管让人多么痛苦不堪，我们都要勇敢地面对，用微笑把痛苦埋葬。有时候，生比死需要更大的勇气。"

其实，生活中，我们每个人都可能存在着这样的弱点：不能面对苦难。但是，只要坚强，每个人都可以接受它。假如我们拒不接受不可改变的情况，就会像个蠢蛋，不断做无谓的反抗，到最后，经过无数的自我折磨，还是不得不接受无法改变的事实。所以说，面对不可改变的事实，我们就应该学着像树木一样，坦然地面对黑夜、风暴、饥饿、意外与挫折。

记住这些话：
其实天很蓝，阴云总要散；
其实海不宽，此岸连彼岸；
其实梦很浅，万物皆自然；
其实泪也甜，当你心如愿！

【总结与领悟】

厄运的到来是我们无法预知的，面对它带来的巨大压力，怨天尤人只会使我们的命运更加灰暗。所以我们必须选择一种对我们有好处的活法，换一种心态，换一种途径，才能不为厄运的深渊所淹没。

美好的东西值得你去抗争

谁害怕受苦，谁就已经因为害怕而在受苦了；谁胆小懦弱，谁就一直被笼罩在恐怖之中。一个人，即便很弱小，弱小得手无缚鸡之力，也不能因此就做懦夫，自我放弃，因为弱者同样有着他要守护的人或物。

那一天，罗克斯走在乔治亚州某个森林里的小路上，看见前面的路当中有个小水坑。他只好略微改变一下方向从侧翼绕过去，就在接近水坑时，他遭到突然袭击！

这次袭击是多么出乎意料！而且攻击者也是那么出人意外。尽管他遭到四五次的攻击，却还没有受伤，但他还是大为震惊。他往后退回一步，攻击者随即停止了进攻。原来那是一只蝴蝶，它正凭借优美的翅膀在他面前作空中盘旋。

罗杰斯要是受了伤的话，他就不会发现个中情趣，但他没有受伤，所以反倒觉得好玩，于是他笑了起来。他遭到的攻击毕竟是来自一只蝴蝶。

罗杰斯收住笑，又向前跨了一步。攻击者又开始向他俯冲过来。它用头和身体撞击他的胸脯，用尽全部力量一遍又一遍地击打他。

罗杰斯再一次退后一步，他的攻击者因此也再一次延缓了攻击。当他试图再次前进的时候，他的攻击者又一次投入战斗。他一次又一次地被它撞击，他感到莫名其妙，不知道该怎么办才好，只好第三次退后。不管怎么说，一个人不会每天碰上蝴蝶的袭击，但这一次，他退后了好几步，以便仔细观察一下敌情。他的攻击者也相应后撤，栖息在地上。就在这时他才弄明白它刚才为什么要袭击他。

它有个伴侣，就在水坑边上它着陆的地方，它好像已经不行了。它待在它的身边，它把翅膀一张一合，好像在给伴侣扇风。罗杰斯对蝴蝶在关心它的伴侣时所表达出的爱和勇气深表敬意。尽管它快要死去了，而自己又是那么庞大，但为了伴侣它依然责无旁贷地向他发起进攻。它这样做，是怕他走过它时不经意地踩到它，它在争取给予它尽可能多一点生命的珍贵时光。

现在罗杰斯总算了解了它战斗的原因和目标。留给他的只有一种选择，他小心翼翼地绕过水坑到小路的另一边，顾不得那里只有几寸宽的路埂，而且非常泥泞。它为了它的伴侣在向大于自己几千倍的敌人进攻时所表现出的大无畏气概值得罗杰斯这么做。它最终赢得了和它厮守在一起的最后时光，静静地，不受打扰。罗杰斯为了让它们安宁地享受在一起的最后时刻，直到回到车上才清理皮靴上的泥巴。

从那以后，每当面临巨大的压力时，罗杰斯总是想起那只蝴蝶的勇气。他经常用那只蝴蝶的勇猛气概激励自己、提醒自己：美好的东西值得你去抗争。

倘若生活中的美好即将遭遇践踏，那么，请像那蝴蝶学习，给人以震慑的力量。只要活着，就不应该放弃人生的坚守，我们会为

11. 在痛苦的深处微笑，你得做自己的英雄

一些事情而感到美好，而这些事情又是我们所必须守护的；相反，倘若你对自己的人生失去了信念，自暴自弃，甚至任人践踏，那么别人就只会视你为懦夫，人见人欺。

做人，就要做得有声有色，堂堂正正，顶天立地，无论你内心感觉如何，无论你的力量是多么羸弱，都要有一种强者的姿态，就算你真的不及人家，但保持自信的神色，仿佛成竹在胸，会让你在心理上占尽优势，而终有所成。相反，你表现得越卑微，一些幸福的东西就会离你越来越远。在有些事中，无须把自己摆得太低，属于自己的，都要积极地争取；在有些人前，不必一而再地容忍，不能让别人践踏你的底线。只有挺直了腰板，世界给你的回馈才会多点。

【总结与领悟】

生活不是用来妥协的！你退缩得越多，能让你喘息的空间就越有限。软弱的人，获得辉煌的成就是不太可能的。事实上，总是担惊受怕的人不是一个自由的人，他总是会被各种各样的恐惧、忧虑包围着，看不到前面的路，更看不到前方的风景。

一旦心瘫痪，人生也就瘫痪了

　　你可能觉得自己目前的状况很糟糕，但其实最糟糕的往往不是贫困，也不是厄运，而是精神和心境处于一种毫无激情的疲惫状态：那些曾经感动过你的一切，已经无法再令你心动；那些曾经吸引过你的一切，同样美丽不再；甚至那些曾经让你愤怒的、仇恨的、发狠要改变的，都已无法在你心中掀起波澜。这时，你需要为自己寻找另一片风景。

　　已经到了不惑之年，那个法国男人依然毫无建树，他觉得自己一无是处——做生意失败，找工作又无人聘用，甚至连妻子也因无法忍受贫穷而离他远去！他认为世界抛弃了自己，他变了，变得自卑至极，变得易怒又脆弱。

　　某天，他在酒吧门前遇到一位算命先生，于是便将手伸了过去："喂，老头，我一直很倒霉，你帮我看看是怎么回事。"

　　算命先生接过他的手掌端详片刻，眼中突然放出异样的光芒："先生，能为您算命真是我的荣幸！"

　　"此话怎讲？"男人被弄糊涂了。

　　"因为您具有皇族血统，您是一位伟人的子孙！"算命先生语气

11. 在痛苦的深处微笑，你得做自己的英雄

坚定地说"可以把您的生日告诉我吗？"

男人将信将疑，报出了自己的"生辰八字"。

"没错！您就是拿破仑失落的后代！"算命先生一脸的兴奋。

"我是拿破仑的子孙？！"男人的心跳到了嗓子眼。

"是的，您体内流淌着皇族的血液，您继承着拿破仑的勇气和智慧，而且您不觉得，您与拿破仑有几分相像吗？"

男人仔细一想，感觉自己与拿破仑是有几分相像："可是，为什么我的命运如此不济？我做生意破产了，找不到赖以糊口的工作，甚至连妻子都离我而去了。"

"这是上帝的考验！他要你经历这些挫折与痛苦，否则您就不能成功。不过，考验已经结束，好运即将到来，数年以后，你将成为全法国最成功的人，因为您具有皇族的血统！"

回家路上，一种曼妙的感觉在男人心中涌动："我不能给波拿巴家族丢脸，我要像祖辈一样出色！"

数年以后，年近50的"拿破仑子孙"赚得亿万身家，成为法国家喻户晓的人物。

这位法国人究竟是不是拿破仑的子孙呢？这根本无从考证，而且显然已不重要。重要的是，他赶走了心中的消极情绪，他不再颓废，所以他成功了。

一个人，如果一直无法走出心中的阴霾，他的世界必然一片漆黑；假如他能够改变心态，那么生活也会随之改变。只是我们在遭遇人生低谷的时候，总是习惯性地向苦难妥协，嘴里碎碎叨叨地埋怨着命运。那些欲博同情却只能换来鄙夷的痛苦呻吟，而我们却一直没有意识到，并不是这个世界放弃了谁，事实上只有

我们自己才有放弃自己的权利。你的心态不好，你的人生也就不好了。

英国某报纸刊登了一张查尔斯王子与一位流浪汉的合影。这个面容憔悴、神志萎靡流浪汉不是别人，他是查尔斯王子曾经的校友克鲁伯·哈鲁多。在一个寒冷的冬天，查尔斯王子拜访伦敦的穷人时，这个流浪汉突然说道："王子，我们曾经在同一所学校读书。""那是什么时候？"查尔斯王子反问道。流浪汉回答："在山丘小屋的高等小学，我们还曾经互相取笑彼此的大耳朵呢！"

原来，这个名叫克鲁伯·哈鲁多的流浪汉曾经有个显赫的家世，他的祖辈、父辈都是英国知名的金融家，他年幼时的确与查尔斯王子就读于同一所贵族学校。后来，他成了一个声誉不错的作家，并加入了英国成功者俱乐部。直到这个时候，应该说克鲁伯·哈鲁多都是让很多人羡慕嫉妒恨的。那么他为何会落魄到今天这个境地？原来，在遭遇两度婚姻失败后，克鲁伯开始酗酒，最后由一名作家变成了流浪汉。但事实上，克鲁伯是被失败的婚姻打败的吗？显然不是，打败他的就是他的心态，从他放弃积极正面心态的那一刻起，他就已经输掉了自己的一生。

类似的情况在我们很多人的身上都有过发生，而且绝对有很多人就像这个流浪汉一样，不是被挫折打败，而是让自己毁于心态。由此可见，从根本上来说，决定我们生命质量的并不是金钱，不是权力、不是家世，甚至不是知识、不是学历，也不是能力，而是心态！一个健全的心态比一百种智慧更有力量。一个且歌且行，朝着自己目标永远前行的人，整个世界都会给他让路。

11. 在痛苦的深处微笑，你得做自己的英雄

【总结与领悟】

人生有顺境也有逆境，不可能处处是逆境；人生有巅峰也有谷底，不可能处处是谷底。因为顺境或巅峰而趾高气扬，因为逆境或低谷而垂头丧气，都是浅薄的人生态度。面对挫折，如果只是一味地抱怨、生气，那么注定此人永远是个弱者。

除了自己，没人可以把你赶上绝路

在人生的征途上，需要保留的东西有很多，其中有一样我们千万不能遗忘，那就是希望。希望是宝贵的，它犹如孕育生命的种子，可以随处发芽。只要抱有希望，生命便不会枯竭。

曾看到这样一则故事，至今仍令人回味无穷：

故事中说，有个突然失去双亲的孤儿，生活非常贫穷，今年唯一能让他熬过冬天的粮食，就只剩下父母生前留下的一小袋豆子了。

但是，此刻的他，却决定要忍受饥饿。他将豆子收藏起来，饿着肚子开始四处捡拾破烂，这个寒冬他就靠着这点微薄的收入度过了。也许有人要问，他为什么要这么委屈或折磨自己，何不先用这

些豆子充饥，熬过了冬天再说？

或许，聪明的人已经猜到了，原来整个冬天，在孩子的心中充满着播种豆苗的希望与梦想。

因此，即使这个冬天他过得再辛苦，他也不曾去触碰那袋豆子，只因那是他的"希望种子"。

当春光温柔地照着大地，孤儿立即将那一小袋豆子播种下去，经过夏天的辛勤劳动，到了秋天，他果然得到丰富的收获。

然而，面对这次丰收，他却一点也不满足，因为他还想要得到更多的收获，于是他把今年收获的豆子再次存留下来，以便来年继续播种、收获。

就这样，日复一日，年复一年，种了又收，收了又种。

终于，孤儿的房前屋后全都种满了豆子，他也告别了贫穷，成为当地最富有的农人。

凡是看得见未来的人，也一定能掌握现在，因为明天的方向他已经规划好了，知道自己的人生将走向何方。只是太多的人在厄运面前丧失了希望，其实厄运往往是命运的转折，你战胜它就能成就新的命运，而一味埋怨、自暴自弃，厄运就会将你毁灭。所以当你感到彷徨无助，甚至想要自我放弃时，不妨想想卡夫卡的那句话——"不要绝望，甚至对你并不感到绝望这一点也不要绝望。恰恰在似乎一切都完了的时候，新的力量毕竟要来临，给你以帮助，而这正表明你是活着的。"

我们这一生所要走的路，基本不会是一条笔直平坦、风和日丽的康庄大道，不知道什么时候，生命中的暴风雨就会降临，但即便如此我们也不能放弃，无论身处何种危险境地，我们都不可以放弃

11. 在痛苦的深处微笑，你得做自己的英雄

心中的希望。其实，所谓的厄运并没有那么可怕，它虽然能给意志薄弱者以致命的打击，但对于意志坚强者更是一种锤炼。人应该具有这样一种气概：以淡定从容来应对凄风苦雨，以无所畏惧来迎接魑魅魍魉。那么对你来说，人生便不会再有不可突破的绝境，因为人生真正的厄运是绝望，而不是厄运本身。

或许你一路走来真的很艰辛，其中的酸甜苦辣只有你自己知道，但只要你能做到"不抛弃，不放弃"，就会有希望。假如命运对你真的很不公平，它折断了你航行的风帆，那也不要绝望，因为岸还在；假如它凋零了美丽的花瓣，同样不要绝望，因为春还在；假如你的麻烦总是接踵而至，还是不要绝望，因为路还在、梦还在、阳光还在、世界还在。生活需要我们持有这种乐观的心态，只有这样，我们才能发现它的美好。生活是具有两面性的，纵然是在令人痛不欲生的苦难中，也蕴涵着细微的美妙，虽然它很细微，但只要你有一双发现美的眼睛，就能在厄运中抓住人生前行的希望。如果你能留住心中的"希望种子"，你的前途必然无可限量，因为心存希望，任何艰难都不会成为我们的阻碍。只要怀抱希望，生命自然会激情绽放。

【总结与领悟】

人生总有低谷时，不要气馁要振作，不要悲观要进取，不要绝望要看到希望。因为低谷过后总会有高潮，人生的艳阳天就快要到来了，难道不是吗？一个人往往在他最绝望的时候，也是希望产生的时候。

在痛苦的深处微笑，你得做自己的英雄

　　人生中的遗憾并不可怕，怕就怕我们沉浸在戚戚地遗憾诉说中停滞不前。甚至是那些看似无法挽回的悲剧，但只要我们意念强大，勇敢面对，就能修正人生航向，创造人生幸福，实现人生价值。

　　美国女孩辛蒂在医科大学时，有一次，她到山上散步，带回一些蚜虫。她拿起杀虫剂想为蚜虫去除化学污染，却突然感觉到一阵痉挛，原以为那只是暂时性的症状，谁料她的后半生从此陷入不幸。

　　杀虫剂内所含的某种化学物质使辛蒂的免疫系统遭到破坏，使她对香水、洗发水以及日常生活中接触的一切化学物质一律过敏，连空气也可能使她的支气管发炎。这种"多重化学物质过敏症"，到目前为止仍无药可医。

　　起初几年，她一直流口水，尿液变成绿色，有毒的汗水刺激背部形成了一块块疤痕。她甚至不能睡在经过防火处理的床垫上；否则就会引发心悸和四肢抽搐。后来，她的丈夫用钢和玻璃为她盖了一所无毒房间，一个足以逃避所有威胁的"世外桃源"。辛蒂所有吃

的、喝的都得经过选择与处理,她平时只能喝蒸馏水,食物中不能含有任何化学成分。

很多年过去了,辛蒂没有见到过一棵花草,听不见一声悠扬的歌声,感觉不到阳光、流水和风。她躲在没有任何饰物的小屋里,饱尝孤独之余,甚至不能哭泣,因为她的眼泪跟汗液一样也是有毒的物质。

然而,坚强的辛蒂并没有在痛苦中自暴自弃,她一直在为自己,同时更为所有化学污染物的牺牲者争取权益。后来,她创立了"环境接触研究网",以便为那些致力于此类病症研究的人士提供一个窗口。几年以后辛蒂又与另一组织合作,创建了"化学物质伤害资讯网",保证人们免受威胁。

目前这一资讯网已有来自32个国家的5000多名会员,不仅发行了刊物,还得到美国、欧盟及联合国的大力支持。

她说:"在这寂静的世界里,我感到很充实。因为我不能流泪,所以我选择了微笑。"

是啊,既然不能流泪,不如选择微笑,当我们选择微笑地面对生活时,我们也就走出了人生的冬季。

岁月匆匆,人生也匆匆,当困难来临之时,学着用微笑去面对、用智慧去解决。永远不要为已发生的和未发生的事情忧虑,已发生的再忧虑也无济于事,未发生的根本无法预测,徒增烦恼而已。你得知道,生活不是高速公路,不会一路畅通。人生注定要负重登山,攀高峰,陷低谷,处逆境,一波三折是人生的必然经历,我们不可能苦一辈子,但总要苦一阵子,忍着忍着就面对了,挺着挺着就能承受了,走着走着就过去了。

【总结与领悟】

　　遗憾会使有些人堕落，也会使有些人清醒；能令一些人倒下，也能令一些人奋进。同样的一件事，我们可以选择不同的态度去对待。如果我们选择了积极乐观，并做出积极努力，就一定会看到前方绚丽的风景。

将痛苦抖落脚底，踩着它跳出人生的枯井

　　不管你遭遇了什么，不要怨天尤人，抱怨无济于事。不管怎样，生活还得继续，人生原本就是要爬过一座座山，迈过一道道的坎，拐过一道道弯，假如我们翻不过山、迈不过坎、转不过弯，每天就只会为自己的遭遇悲悲戚戚，就会陷入人生的枯井，再也跳不出来。

　　那是你精神上的枯井，没有人能够帮你。

　　有一头倔强的驴，一天，这头驴一不小心掉进一口枯井里，无论如何也爬不上来。他的主人很着急，用尽各种方法去救它，可是都失败了。十多个小时过去了，他的主人束手无策，驴则在井里痛苦地哀号着。最后，主人决定放弃救援。

11. 在痛苦的深处微笑，你得做自己的英雄

不过驴主人觉得这口井得填起来，以免日后再有其他动物或是人发生类似的危险。于是，他请来左邻右舍，让大家帮忙把井中的驴子埋了，也正好可以解除驴的痛苦。于是大家开始动手将泥土铲进枯井中。这头驴似乎意识到了接下来要发生的事情，它开始大声悲鸣，不过，很快地，它就平静了下来。驴主人听不到声音，感觉很奇怪，他探头向下看去，井中的景象把他和他的老伙伴都惊呆了——那头驴子正将落在它身上的泥土抖落一旁，然后站到泥土上面升高自己。就这样，填坑运动继续进行着，泥土越堆越高，这头驴很快升到了井口，只见它用力一跳，就回到了地面上。

逆境，不等于就是绝境，更何况还能"置之死地而后生"。是生是死，是埋葬痛苦还是被痛苦埋葬，一切都取决于我们自己，如果能直面人生的惨淡，敢于正视鲜血的淋漓，追求理想并一往无前，那么所有的一切都不过是一场挫折游戏。

不要习惯性地将自己的不幸归咎于外界因素，不管外部的环境如何，怎么活——那是自己的事情。不要总是像祥林嫂一样反复地问自己那个无聊的问题："怎么会，为什么……"这样的自怨自艾就是在给自己的伤口撒盐，它非但帮不了你，反而会让自己觉得命运非常悲惨，那种沉浸在痛苦中的自我怜悯，对你没有任何好处。

人不能陷在痛苦的枯井中不能自拔，哪怕就跳出去的可能只剩一成，我们也要奋力一跃。

【总结与领悟】

如果你陷入精神的枯井中，就会有各种各样的"泥土"倾倒在你身上，假如你不能将它们抖落并踩在脚底，你将面临被活埋的境地。不要在苦难中哀号，如果你还想绝处逢生，就要想方设法让自己从"枯井"中走出来，让那些倒在我们身上的泥土成为成功的垫脚石。

生活并没有夺走我们选择快乐和自由的权利

得意也罢，失意也罢，都要坦然地面对生活中的苦与乐。假如生活给我们的只是一次又一次的挫折，也没有什么，因为生活并没有夺走我们选择快乐和自由的权利。

心态是我们人生的向导，它能把我们从痛苦中引领出来。在沉重的打击面前，需要有处变不惊的乐观心态。冷静而乐观，愉快而坦然。在生活的舞台上，要学会对痛苦微笑，要坦然面对不幸。

已故的爱德华·埃文斯先生，从小生活在一个贫苦的家庭，起

11. 在痛苦的深处微笑，你得做自己的英雄

初只能靠卖报来维持生计，后来在一家杂货店当营业员，家里好几口人都靠着他的微薄工资来度日。后来他又谋得一个助理图书管理员的职位，依然是很少的薪水，但他必须干下去，毕竟做生意实在是太冒险了。在 8 年之后，他借了 50 美元开始了他自己的事业，结果事业的发展一帆风顺，年收入达两万美元以上。

然而，可怕的厄运在突然间降临了。他替朋友担保了一笔数额很大的贷款，而朋友却破产了。祸不单行，那家存着他全部积蓄的大银行也破产了。他不但血本无归，而且还欠了 1 万多美元的债，在如此沉重的双重打击下，埃文斯终于倒下了。他吃不下东西，睡不好觉，而且生起了莫名其妙的怪病，整天处于一种极度的担忧之中，大脑一片空白。

有一天，埃文斯在走路的时候，突然昏倒在路边，以后就再也不能走路了。家里人让他躺在床上，接着他全身开始腐烂，伤口一直往骨头里面腐蚀了进去。他甚至连躺在床上也觉得难受。医生只是淡淡地告诉他：只有两个星期的生命。埃文斯索性把全部都放弃了，既然厄运已降临到自己头上，只有平静地接受它。他静静地写好遗嘱，躺在床上等死，人也彻底放松下来，闭目休息，但每天无法连续睡着两小时以上。

时间一天一天过去，由于心态平静了，他不再为已经降临的灾难而痛苦，他睡得像个小孩子那样踏实，也不再无谓地忧虑了，胃口也开始好了起来。几星期后，埃文斯已能拄着拐杖走路，6 个星期后，他又能工作了。只不过是以前他一年赚两万美元，现在是一周赚 30 美元，但他已经感到万分高兴了。

他的工作是推销用船运送汽车时在轮子后面放的挡板，他早

已忘却了忧虑，不再为过去的事而懊恼，也不再害怕将来，他把自己所有的时间、所有的精力、所有的热忱都用来推销挡板，日子又红火起来了，不过几年而已，他已是埃文斯工业公司的董事长了。

量子论之父马克斯·普朗克的一生并不是一帆风顺的。中年的时候，他的妻子逝世；在第一次世界大战期间，他的长子卡尔在法国负伤身亡；他的两个孪生女儿也都在分娩后不久，分别相继去世。

第二次世界大战中，不幸的遭遇又一次降临到普朗克的头上。他的住宅因飞机轰炸而焚毁，他的全部藏书、手稿和几十年的日记，全部化为灰烬。1944年末，他的次子被认定有密谋暗杀希特勒的"罪行"而被警察逮捕。普朗克虽采取了多方的求助，但依旧没有挽救得了儿子的性命。

对于这些不幸，普朗克说："我们没有权利只得到生活给我们的所有好事，不幸是自然状态……生命的价值是由人们的生活方式来决定的。所以人们一而再、再而三地回到他们的职责上，去工作，去向最亲爱的人表明他们的爱。这爱就像他们自己所愿意体验到的那么多。"

一个人的坦然，是一种生存的智慧。生活的艺术，是看透了社会人生以后所获得的那份从容、自然和超然。

一个人要能自在自如地生活，心中就需要多一份坦然。笑对人生的人比起在曲折面前悲悲戚戚的人，始终坚信前景美好的人较之脸上常常阴云密布的人，更能得到成功的垂青。

【总结与领悟】

面对不幸和困境,如果能够平静而理智地对待它、利用它,往往能够收获好的结局;相反,那些始终试图改变既成事实的人,虽然看起来很辛苦、很努力,但其实他们的内心是软弱的:他们无法说服自己接受不幸和困境,他们选择了欺骗自己。

在残酷的现实面前
常做快乐的思考,便是人生的成熟

在今天这种激烈的角逐面前,就算曾经在某一领域无往不利、叱咤风云的人物也难免惊慌失措,有时可能会做出错误的判断。失败,只是人生的一种常态,不同的是,有些人在困境面前能够不受外部环境影响,不仅没有被击倒,反而将人生推上了更高的层次;有些人则很容易萎靡不振,把人生带入深渊。逆境,就是一种优胜劣汰的考验。

前者甚至可以被撕碎,但不会被击倒。他们心中有一种光,那是任何外在不利因素都无法扑灭的对于人生的追求和对未来的向往;

将后者击倒的不是别人，而是他们自己，是因为他们的心中没有了信念，熄灭了心中的光。

心中有光，就会有信念，就会有力量！

有这样一位母亲，她没有什么文化，只认识一些简单的文字，会一些初级的算术，但她教育孩子的方法着实令人称赞。

她家的瓶瓶罐罐总是装着不多的白糖、红糖、冰糖，那时候孩子还小，每当孩子生病一脸痛苦时，她都会笑眯眯地和些白糖在药里，或者用江米纸把药裹进糖里，在瓷缸里放上一刻，然后拿出来。那些让小孩子望而生畏的药片经这位母亲那么一和一裹，给人的感觉就不一样了，在小孩子看来就充满诱惑，就连没病的孩子都想吃上一口！

在孩子们的眼中，母亲俨然就是高明的魔术师，能够把苦的东西变成甜的，把可怕的东西变成喜欢的。

"儿啊，尽管药是苦的，但你咽不下去的时候，把它裹进糖里，就会好些。"这是一位朴实的家庭妇女感悟出的生活哲理，她没有文化，但却很懂生活。

这是一种"减法思维"，减去了药的苦涩，就不会难以下咽。如今，她的孩子都已长大成人，也都有了自己的家庭，但每当情绪低落的时候，就会想起母亲说的那句话：把药裹进糖里。

她只是个普通的家庭妇女，在物质上无法给予子女大量的支持，但带给他们的精神财富却足以令其享用一生。她灌输给子女的是一种苦尽甘来的信仰，把生活的苦包进对美好未来的憧憬之中，就能冲淡痛苦。心中有阳光，在沉重的日子里以积极的心态去思考，就能够改变境况。

11. 在痛苦的深处微笑，你得做自己的英雄

其实我们完全可以把人生想象成一个"吃药"的过程：在追求目标的岁月里，我们不可避免地会"感染伤病"，你可以把药直接吃下去，也可以把它裹进糖里，尽管方式有所不同，但只有一个共同的目的：尽快尽早地治愈伤病，实现苦苦追求的目标。将药裹进糖里减轻了苦痛的程度，在命运不济之时不妨试试这个方法。

生活，十分精彩，却一定会有八九分不同程度的苦，作为成熟的人，应该懂得苦中作乐。痛苦是一种现实，快乐是一种态度，在残酷的现实面前常做快乐的思考，便是人生的成熟。世界不完美，人心有亲疏，岂能处处如你所愿？让自己站得高一点，看得远一点。赤橙黄绿青蓝紫，七彩人生，各不相同；酸甜苦辣咸，五种滋味，一应俱全；喜怒哀乐悲惊恐，七种情感，品之不尽。成熟，就是阅尽千帆，等闲沧桑，苦并快乐着。

【总结与领悟】

人的一生不能在哭泣中度过，发泄过后你是不是要思考一下：怎样才能让我们的人生走出困境，焕发出绚丽的色彩，让自己在生命的最后一刹那能够笑着离开？这，需要的是一种积极的心态。